Windows 10＋Office 2019 计算机等级考试指导丛书

大学计算机一级考试指导

（微课版）

黄林国　主　编

王振邦　凌代红　副主编

电子工业出版社

Publishing House of Electronics Industry

北京·BEIJING

内 容 简 介

本书严格按照浙江省高校计算机一级《计算机应用基础》考试大纲（2019 版）的要求编写，主要内容包括考试系统简介、理论知识题（单选题、多选题、判断题），以及文档综合题（Word 2019）、表格综合题（Excel 2019）、演示文稿综合题（PowerPoint 2019）等方面的操作题。

本书可作为高职高专院校和应用型本科院校计算机一级考试的参考书，也可作为成人高等院校和各类计算机一级考试培训班的学习参考书。

未经许可，不得以任何方式复制或抄袭本书之部分或全部内容。
版权所有，侵权必究。

图书在版编目（CIP）数据

大学计算机一级考试指导：微课版 / 黄林国主编. —北京：电子工业出版社，2021.2
ISBN 978-7-121-40570-9

Ⅰ．①大… Ⅱ．①黄… Ⅲ．①电子计算机－高等职业教育－教材 Ⅳ. ①TP3

中国版本图书馆 CIP 数据核字（2021）第 025798 号

责任编辑：徐建军
印　　刷：涿州市京南印刷厂
装　　订：涿州市京南印刷厂
出版发行：电子工业出版社
　　　　　北京市海淀区万寿路 173 信箱　邮编　100036
开　　本：787×1 092　1/16　印张：9.75　字数：249.6 千字
版　　次：2021 年 2 月第 1 版
印　　次：2023 年 8 月第 6 次印刷
印　　数：2 600 册　定价：32.00 元

凡所购买电子工业出版社图书有缺损问题，请向购买书店调换。若书店售缺，请与本社发行部联系，联系及邮购电话：（010）88254888，88258888。
质量投诉请发邮件至 zlts@phei.com.cn，盗版侵权举报请发邮件至 dbqq@phei.com.cn。
本书咨询联系方式：（010）88254570，xujj@phei.com.cn。

前言 Preface

"计算机应用基础"是高职院校的计算机公共基础课程，所涉及的学生人数多、专业面广、影响大，是后继课程学习的基础。利用计算机进行信息的提炼获取、分析处理、传递交流和开发应用的能力是 21 世纪高素质人才所必须具备的技能。

本书是与"计算机应用基础"课程配套的计算机一级考试应试指导书，书中包含了大量最新的全真试题及解答，希望读者借助本书顺利通过计算机一级考试。本书共 5 章，内容包括考试系统简介、理论知识题（单选题、多选题、判断题）、文档综合题（Word 2019）、表格综合题（Excel 2019）、演示文稿综合题（PowerPoint 2019）。操作题主要分为典型试题和练习试题，典型试题有详尽的解答，练习试题有操作提示。

本书由黄林国担任主编，王振邦、凌代红担任副主编，全书由黄林国统稿。为了便于读者学习，本书录制了学习视频，读者扫描相应的二维码，可以用微课方式进行在线学习。本书提供了配套练习素材文件，读者可以在华信教育资源网（www.hxedu.com.cn）注册后免费下载，或与作者联系（E-mail：huanglgvip@21cn.com）。

由于时间仓促，以及编者的学识和水平有限，书中难免存在不足之处，敬请广大读者不吝指正。

编　者

目 录
Contents

第1章 考试系统简介 (1)
  1.1 考试系统界面 (1)
    1.1.1 考试须知 (3)
    1.1.2 理论考试 (4)
    1.1.3 操作考试 (4)
    1.1.4 交卷 (6)
  1.2 上机考试内容 (6)

第2章 理论知识题 (8)
  2.1 单选题 (8)
  2.2 多选题 (26)
  2.3 判断题 (30)

第3章 文档综合题 (36)
  3.1 典型试题 (36)
    【典型试题3-1】 (36)
    【典型试题3-2】 (40)
    【典型试题3-3】 (45)
    【典型试题3-4】 (51)
    【典型试题3-5】 (55)
    【典型试题3-6】 (58)
    【典型试题3-7】 (64)
  3.2 练习试题 (68)
    【练习试题3-1】 (68)
    【练习试题3-2】 (70)
    【练习试题3-3】 (73)
    【练习试题3-4】 (75)
    【练习试题3-5】 (78)

第4章 表格综合题 (82)
  4.1 典型试题 (82)
    【典型试题4-1】 (82)

　　　　【典型试题 4-2】 ··· (84)
　　　　【典型试题 4-3】 ··· (88)
　　　　【典型试题 4-4】 ··· (91)
　　　　【典型试题 4-5】 ··· (94)
　　　　【典型试题 4-6】 ··· (97)
　　　　【典型试题 4-7】 ··· (99)
　　　　【典型试题 4-8】 ·· (101)
　　　　【典型试题 4-9】 ·· (104)
　　　　【典型试题 4-10】 ·· (108)
　　4.2　练习试题 ·· (111)
　　　　【练习试题 4-1】 ·· (111)
　　　　【练习试题 4-2】 ·· (112)
　　　　【练习试题 4-3】 ·· (113)
　　　　【练习试题 4-4】 ·· (114)
　　　　【练习试题 4-5】 ·· (114)
　　　　【练习试题 4-6】 ·· (115)
　　　　【练习试题 4-7】 ·· (116)
　　　　【练习试题 4-8】 ·· (118)
　　　　【练习试题 4-9】 ·· (119)
　　　　【练习试题 4-10】 ·· (119)
第 5 章　演示文稿综合题 ·· (121)
　　5.1　典型试题 ·· (121)
　　　　【典型试题 5-1】 ·· (121)
　　　　【典型试题 5-2】 ·· (124)
　　　　【典型试题 5-3】 ·· (127)
　　　　【典型试题 5-4】 ·· (129)
　　　　【典型试题 5-5】 ·· (130)
　　　　【典型试题 5-6】 ·· (133)
　　　　【典型试题 5-7】 ·· (135)
　　　　【典型试题 5-8】 ·· (136)
　　5.2　练习试题 ·· (138)
　　　　【练习试题 5-1】 ·· (138)
　　　　【练习试题 5-2】 ·· (139)
　　　　【练习试题 5-3】 ·· (139)
　　　　【练习试题 5-4】 ·· (140)
　　　　【练习试题 5-5】 ·· (141)
　　　　【练习试题 5-6】 ·· (141)
　　　　【练习试题 5-7】 ·· (142)
附录 A　理论知识题参考答案 ·· (143)
附录 B　浙江省高校计算机一级《计算机应用基础》考试大纲（2019 版） ········ (145)
参考文献 ·· (147)

第 1 章 考试系统简介

浙江省高校计算机等级考试（一级 Windows 10/Office 2019 上机考试）每年考 2 次，分别在 4 月份和 11 月份进行，考试总时间为 60 分钟。

考试分理论知识考试和操作能力考试两大部分。

理论知识考试占总成绩的 40%，有 3 种题型：①单选题（20 分）；②多选题（10 分）；③判断题（10 分）。

操作能力考试占总成绩的 60%，操作能力考试内容包括：

① Word 2019 操作（22 分）。
② Excel 2019 操作（22 分）。
③ PowerPoint 2019 操作（16 分）。

1.1 考试系统界面

考生启动"浙江省高校计算机等级考试"软件（双击桌面上的相应图标）后，先进行软件版本检测，版本检测结束后，出现当前软件版本信息，如图 1-1 所示；单击"确定"按钮，出现考生登录界面，如图 1-2 所示；输入准考证号（15 位数字）和密码（身份证号后 6 位）后，单击"登录"按钮，出现考生信息确认界面，如图 1-3 所示。

微课：考试系统

考生确认信息无误后，单击"确定"按钮，开始从服务器端下载试卷，然后进行试卷初始化，初始化结束后出现考试须知界面，如图 1-4 所示，考生认真阅读考试须知的内容后，等待考试开始。

监考老师发出开始考试指令后，考生在如图 1-5 所示的考试须知界面中选中"已阅读考试须知"复选框，并单击"点击开始答题"按钮，进入考试系统主界面，如图 1-5 所示。

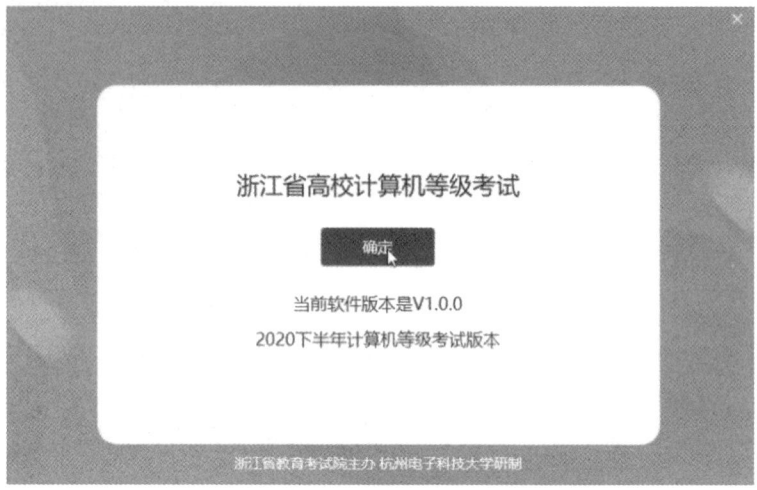

图 1-1　当前软件版本

图 1-2　考生登录界面

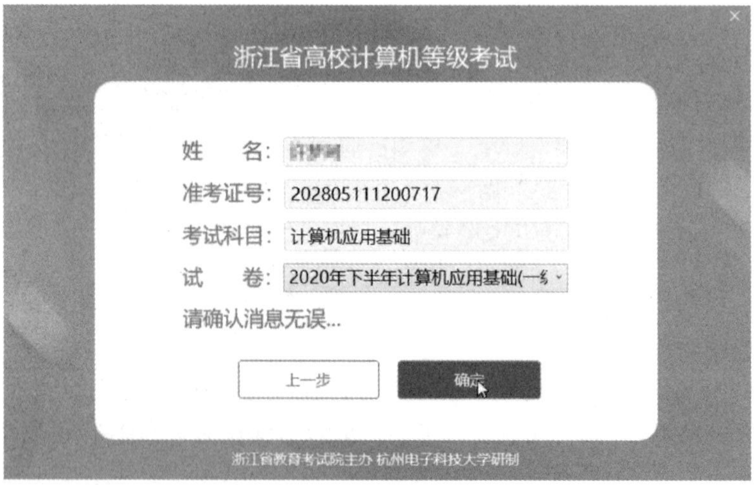

图 1-3　考生信息确认界面

第1章 考试系统简介

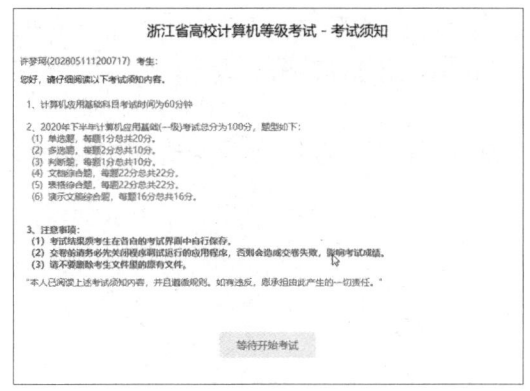
（1）

（2）

图1-4 考试须知界面

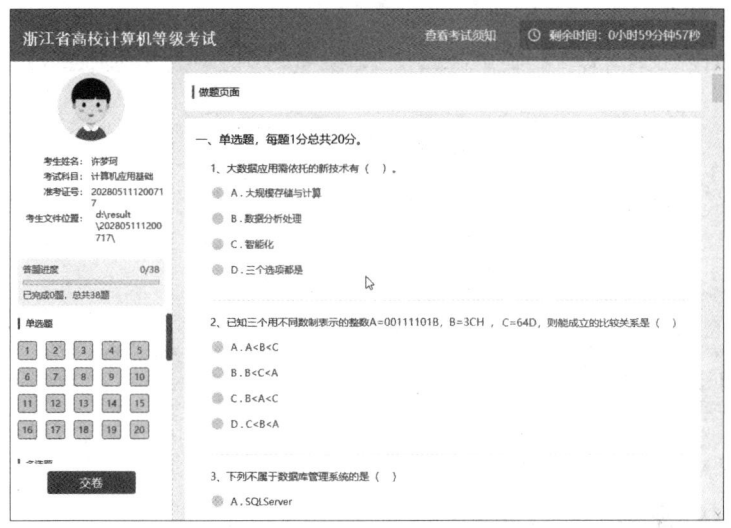

图1-5 考试系统主界面

从图1-5可知，考试系统主界面分为4大部分。

（1）界面顶部是考试时间信息区，包括查看考试须知和考试剩余时间（60分钟倒计时）。

（2）界面左上半部分是考生基本信息区，包括考生姓名、考试科目、准考证号、考生文件位置等信息。

（3）界面左下半部分是上机考试题型选择区，包括单选题、多选题、判断题、文档综合题、表格综合题、演示文稿综合题、"交卷"按钮等选项。

（4）界面右半部分是上机考试的题目信息和注意事项区。

【注意】考生文件位置即考生目录，是考生的考题内容和答题内容的存放位置，如 d:\result\202805111200717，其中"202805111200717"是考生准考证号。

1.1.1 考试须知

"考试须知"是有关考试的提示信息，考生务必仔细阅读，以下内容要特别注意。

（1）系统自动保存理论知识（单选题、多选题、判断题）的考试结果。

（2）Word、Excel、PowerPoint 的考试结果须由考生在各自的考试界面中自行保存（即在各自应用程序中单击快速访问工具栏中的"保存"按钮■，或选择菜单中的"文件"→"保存"命令）。

（3）交卷前请务必先关闭 Word、Excel、PowerPoint 等应用程序，否则会造成交卷失败，影响考试成绩。

（4）不要删除考生目录中的原有文件。

1.1.2　理论考试

"理论考试"包括单选题、多选题、判断题等 3 种题型。

理论考试时，考生选择某一题型的某道题后，在界面右侧的"题目信息"区出现考题内容，此时可进行答题，如图 1-6 所示。如果需要修改答案，直接在相应考题中选择其他答案即可。

图 1-6　理论考试测试界面

1.1.3　操作考试

操作考试包括文档综合题（Word 操作）、表格综合题（Excel 操作）、演示文稿综合题（PowerPoint 操作）等 3 方面内容。

操作考试时，考生选择某一考题选项后，在界面右侧的"题目信息"区出现"考试说明"和"题目要求"，如图 1-7 所示。单击窗口底部的"回答"按钮，将打开本考题所在的文件夹，内含操作素材文件（如 PPT.pptx），如图 1-8 所示。双击打开该素材文件，即可进入该项考题的考试环境，如图 1-9 所示。按操作要求对素材文件进行操作，该题答题结束后，单击考试应用程序（如 PowerPoint 程序）左上角的"保存"按钮■，保存该题的答题结果，然后关闭该题的考试环境（如 PowerPoint 程序），返回考试系统主界面进行其他考题的答题。

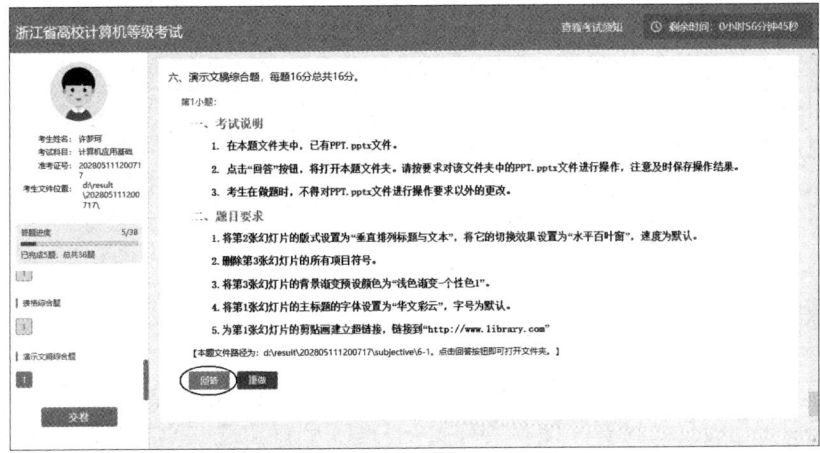

图 1-7　操作能力测试界面

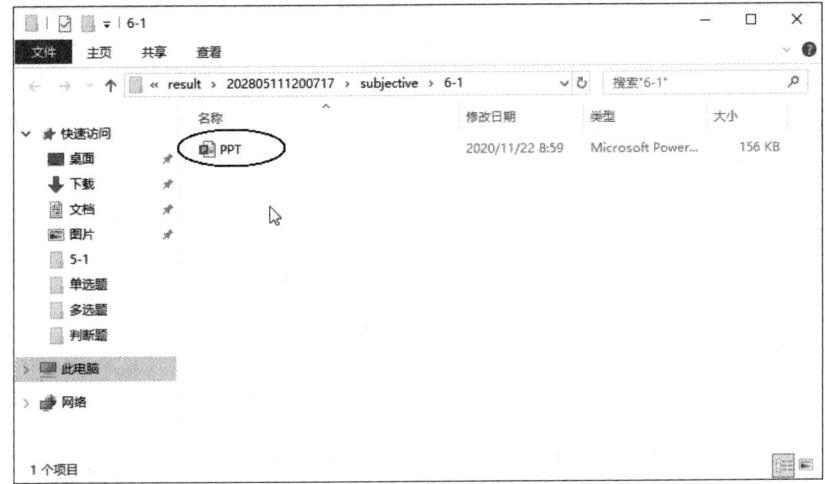

图 1-8　本考题所在的文件夹

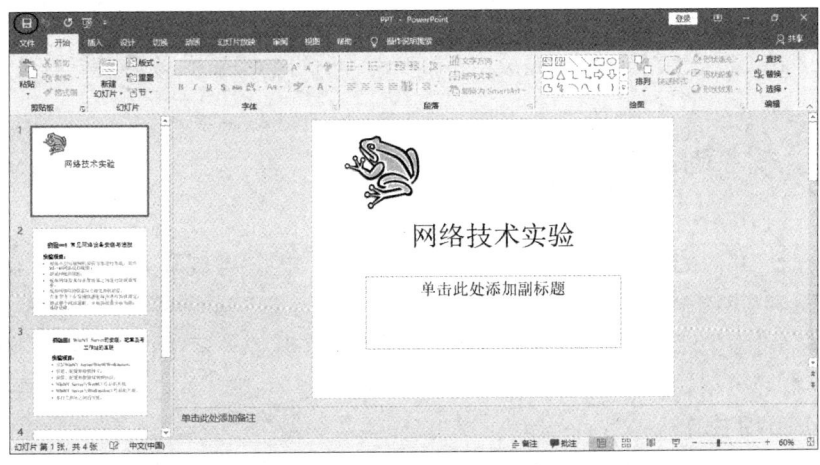

图 1-9　PowerPoint 考试环境

答题后，如果想修改其中的部分答案，在图 1-7 中找到该道题后，单击"回答"按钮，在原来答题的基础上继续答题。如果想重做该道题，单击图 1-7 中的"重做"按钮，出现"确定重做"的提示信息，如图 1-10 所示。单击"确定"按钮，重新进入该道题的考试环境，原来的答题结果不复存在，考生对该道题须全部重新答题。

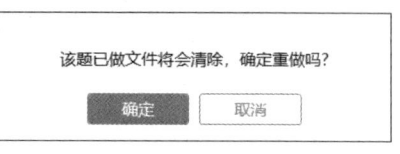

图 1-10 "确定重做"的提示信息

1.1.4 交卷

考生在完成所有各项考题后，单击界面左侧的"交卷"按钮后，出现"您还有 n 道题未完成，交卷前确保您已经仔细检查并保存所有操作大题，您确定现在交卷吗？"的提示信息，如图 1-11 所示，并开始 10 秒钟倒计时，倒计时到 0 时会自动交卷并重新启动计算机；如果在倒计时到 0 之前，单击"再仔细检查"按钮，则退出交卷，考生可以继续答题或检查试题答案。

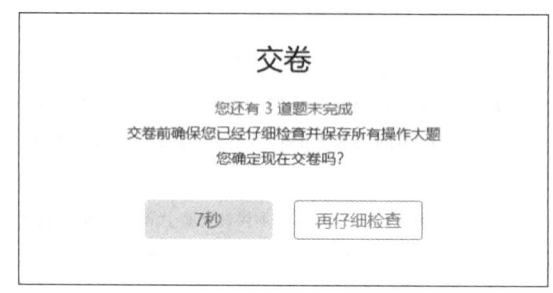

图 1-11 交卷的提示信息

每位考生只有一次交卷机会，只有当考生确认在规定的时间内已完成所有考题，才能单击"交卷"按钮实现交卷。

【注意】交卷前请务必先关闭 Word、Excel、PowerPoint 等应用程序，否则会造成交卷失败，影响考试成绩。

若在规定的时间内无法完成所有考题，请考生务必注意考试剩余时间，在剩余时间不足 5 分钟时，应先保存所有考题的答题结果，再继续做题；若剩余时间不足半分钟，请务必先保存好答题结果，再单击"交卷"按钮，完成交卷。交卷后，可到考试服务器上查看是否交卷成功。

1.2 上机考试内容

从考试系统中可以看到，考试分理论知识考试和操作能力考试两大部分。我们从最近几年的考试系统中抽取出理论知识考试的真题，汇编成本书的第 2 章内容，并在附录 A 中给出相应的参考答案，供考生练习、复习。操作能力考试内容在其他各章中详细介绍。操作能力考试各部分的内容要点分述如下。

1. Word 2019 操作

Word 2019 操作主要包括：字体和段落的格式设置，项目符号与编号，样式的使用，页面设置（纸张大小、纸张方向、页边距、布局、文档网格），分栏设置，页眉和页脚设置，表格与文本之间的相互转换，表格操作（框线、排序、样式、表头），书签设置，超链接设置，添加题注、脚注与尾注，查找与替换，图片的操作，分节，批注与修订等操作。

2. Excel 2019 操作

Excel 2019 操作主要包括：工作表操作（插入、复制、更改表顺序），字符格式设置（字体、字号、颜色、对齐方式），行、列的插入与删除，行高、列宽的调整，单元格的合并居中，单元格数字格式，数据计算（公式、函数的使用），排序（升序、降序、自定义序列），分类汇总，筛选（自动筛选、高级筛选），条件格式，图表操作（插入图表、图表格式设置），表样式，数据验证，批注和保护工作表，突出显示等操作。

3. PowerPoint 2019 操作

PowerPoint 2019 操作主要包括：插入和删除幻灯片，添加文字，页眉和页脚设置（日期和时间、幻灯片编号），幻灯片的宽度和高度设置，字体、字号、行距设置，文本标题级别的调整，插入文本框，项目符号，幻灯片版式，主题，幻灯片背景（渐变、纹理）设置，动画和切换方式设置，幻灯片隐藏，超链接设置等操作。

第 2 章 理论知识题

本章的重点主要包括:信息及其在计算机内部的表示形式,计算机硬件的组成与工作原理,计算机软件的基础知识,Windows 操作系统平台的使用方法,计算机网络的基础知识,信息安全等。

2.1 单选题

1. 现代人类社会生存和发展的三大基本资源是物质、能源和_____。
   A. 信息　　　　B. 计算机　　　　C. 软件　　　　D. 媒体
2. 现代信息技术中的 3C,是指计算机技术、控制技术和_____。
   A. 多媒体技术　　B. 通信技术　　C. 光电技术　　D. 人工智能技术
3. 世界上第一台电子计算机诞生在_____。
   A. 中国　　　　B. 美国　　　　C. 日本　　　　D. 德国
4. 世界上首次提出存储程序计算机体系结构的是_____。
   A. 艾伦·图灵　　B. 冯·诺依曼　　C. 比尔·盖茨　　D. 肖特
5. 基于冯·诺依曼思想而设计的计算机硬件系统包括五大组成部分,分别是_____。
   A. 控制器、运算器、存储器、输入设备、输出设备
   B. 主机、存储器、显示器、输入设备、输出设备
   C. 主机、输入设备、输出设备、硬盘、鼠标
   D. 控制器、运算器、输入设备、输出设备、乘法器
6. 中央处理器的简称是_____。
   A. APU　　　　B. GPU　　　　C. CPU　　　　D. TPU
7. 组成 CPU 的主要部件是_____。
   A. 运算器和控制器　　　　　　B. 运算器和存储器
   C. 控制器和寄存器　　　　　　D. 运算器和寄存器

8. 用来控制、指挥和协调计算机各部件工作的是_____。
   A．运算器　　　　B．鼠标　　　　C．控制器　　　　D．存储器
9. CPU中的控制器的主要功能是_____。
   A．分析指令并产生控制信号　　　　B．进行逻辑运算
   C．控制运算的速度　　　　D．进行算术运算
10. 运算器的功能是_____。
    A．只能进行逻辑运算　　　　B．对数据进行算术运算或逻辑运算
    C．只能进行算术运算　　　　D．做初等函数的计算
11. CPU主要技术性能指标有_____。
    A．字长、主频和运算速度　　　　B．可靠性和精度
    C．耗电量和效率　　　　D．冷却效率
12. 决定个人计算机性能的最主要的因素是_____。
    A．计算机的价格　　　　B．计算机的CPU
    C．计算机的内存　　　　D．计算机的硬盘
13. 影响一台计算机性能的关键部件是_____。
    A．CD-ROM　　　　B．硬盘　　　　C．CPU　　　　D．显示器
14. 在微型计算机中，最核心、最关键的部件是_____。
    A．主板　　　　B．CPU　　　　C．内存　　　　D．显卡
15. 计算机主要技术指标通常是指_____。
    A．所配备系统软件的版本
    B．CPU的时钟频率、运算速度、字长和存储容量
    C．扫描仪的分辨率、打印机的配置
    D．硬盘容量的大小
16. 字长是CPU的主要技术性能指标之一，它表示的是_____。
    A．CPU的计算结果的有效数字长度　　B．CPU一次能处理二进制数据的位数
    C．CPU能表示的最大的有效数字位数　　D．CPU能表示的十进制整数的位数
17. "16位微型计算机"中的16指的是_____。
    A．微机型号　　　　B．机器字长　　　　C．内存容量　　　　D．存储单位
18. 微机的销售广告中，"i7 3.0G/16G/2T"中的3.0G是表示_____。
    A．CPU与内存间的数据交换速率是3.0Gbps
    B．CPU为i7的3.0代
    C．CPU的时钟主频为3.0GHz
    D．CPU的运算速度为3.0GIPS
19. 微机的销售广告中，"i7 3.0G/16G/2T"中的2T是表示_____。
    A．硬盘容量　　　　B．内存容量
    C．CPU的时钟主频为2THz　　　　D．CPU的运算速度为2TIPS
20. 微型计算机处理器使用的元器件是_____。
    A．超大规模集成电路　　　　B．电子管
    C．小规模集成电路　　　　D．晶体管
21. 组成一个计算机硬件系统的两大部分是_____。

A．系统软件和应用软件 　　　　　　B．硬件系统和软件系统
C．主机和外部设备 　　　　　　　　D．输入和输出设备

22．计算机硬件系统主要包括：中央处理器、存储器和_____。
A．显示器和键盘 　　　　　　　　　B．打印机和键盘
C．显示器和鼠标器 　　　　　　　　D．输入/输出设备

23．计算机的硬件主要包括：中央处理器、存储器、输出设备和_____。
A．键盘　　　B．鼠标　　　C．输入设备　　　D．显示器

24．在微机中，I/O 设备是指_____。
A．控制设备　　B．输入/输出设备　　C．输入设备　　D．输出设备

25．下列设备组中，完全属于计算机输出设备的一组是_____。
A．喷墨打印机、显示器、键盘 　　　B．激光打印机、键盘、鼠标器
C．键盘、鼠标器、扫描仪 　　　　　D．打印机、绘图仪、显示器

26．下列设备中，属于输出设备的是_____。
A．键盘　　　B．显示器　　　C．鼠标　　　D．只读光盘

27．具有扫描功能的打印机是一种_____。
A．输出设备 　　　　　　　　　　　B．输入设备
C．既是输入设备也是输出设备 　　　D．以上都不对

28．以下_____设备既可以作为输入设备又可以作为输出设备。
A．硬盘　　　B．鼠标　　　C．键盘　　　D．显示器

29．任何程序要被 CPU 执行，都必须先加载到_____。
A．外存　　　B．内存　　　C．固态硬盘　　　D．机械硬盘

30．计算机存储系统中的 Cache 是指_____。
A．辅存 　　　　　　　　　　　　　B．主存
C．外存 　　　　　　　　　　　　　D．高速缓冲存储器

31．配置 Cache 是为了解决_____。
A．内存与外存之间速度不匹配的问题　B．CPU 与外存之间速度不匹配的问题
C．CPU 与内存之间速度不匹配的问题　D．主机与外部设备之间速度不匹配的问题

32．如果要编辑硬盘上的文件，数据首先要加载到_____。
A．缓存　　　B．CPU　　　C．硬盘　　　D．内存

33．下列各存储器中，存取速度最快的一种是_____。
A．硬盘　　　B．内存　　　C．Cache　　　D．U 盘

34．以下存储器中读取数据最快的是_____。
A．光盘　　　B．硬盘　　　C．内存　　　D．缓存

35．以下关于随机存取存储器的叙述中，正确的是_____。
A．RAM 分静态 RAM（SRAM）和动态 RAM（DRAM）两大类
B．SRAM 的集成度比 DRAM 高
C．DRAM 的存取速度比 SRAM 快
D．DRAM 中存储的数据无须"刷新"

36．不属于存储设备的是_____。
A．无线鼠标　　　B．移动硬盘　　　C．U 盘　　　D．固态硬盘

37. 下列描述中，正确的是_____。
    A．光盘驱动器不是外部设备
    B．摄像头属于输入设备，而投影仪属于输出设备
    C．U盘既可以用作外存，也可以用作内存
    D．硬盘是辅助存储器，不属于外部设备
38. 下列叙述中，错误的是_____。
    A．硬盘的存取速度显著高于内存
    B．硬盘属于外部存储器
    C．硬盘驱动器既可作为输入设备又可作为输出设备
    D．硬盘与CPU之间不能直接交换数据
39. 以下关于U盘的描述中，错误的是_____。
    A．U盘有基本型、增强型和加密型三种
    B．U盘的特点是重量轻、体积小
    C．U盘多固定在机箱内，不便携带
    D．断电后，U盘还能保持存储的数据
40. 假设某台计算机的内存储器容量为128MB，硬盘容量为10GB，硬盘容量是内存容量的_____。
    A．40倍   B．60倍   C．80倍   D．100倍
41. 假设某台式计算机的内存储器容量为512MB，硬盘容量为40GB，硬盘容量是内存容量的_____。
    A．240倍   B．160倍   C．80倍   D．120倍
42. 若用户正在计算机上编辑某个文件，这时突然停电，则数据会丢失的是_____。
    A．ROM中的文件   B．机械硬盘中的文件
    C．内存中的文件   D．固态硬盘中的文件
43. _____是主板中最重要的部件，是主板的灵魂，决定了主板所能够支持的功能。
    A．电源   B．总线   C．芯片组   D．扩展槽
44. 液晶显示器的主要技术指标不包括_____。
    A．显示分辨率   B．显示速度
    C．亮度和对比度   D．存储容量
45. 显示器的主要技术指标之一是_____。
    A．分辨率   B．亮度   C．彩色   D．对比度
46. 下列选项中，不属于显示器主要技术指标的是_____。
    A．分辨率   B．重量   C．像素的点距 D．显示器的尺寸
47. 显示器是目前最普遍使用的_____。
    A．控制设备 B．输入设备 C．存储设备   D．输出设备
48. 决定显示器分辨率的指标是_____。
    A．点距   B．亮度   C．尺寸大小   D．对比度
49. 显示器的参数：1024×768，它表示_____。
    A．显示器分辨率   B．显示器颜色指标
    C．显示器屏幕大小   D．显示每个字符的列数和行数

50. 以下_____打印机的打印质量最好。
    A．点阵打印机　　　　　　　　　B．激光打印机
    C．针式打印机　　　　　　　　　D．喷墨打印机
51. 计算机的系统总线是计算机各部件间传递信息的公共通道，它分为_____。
    A．数据总线和控制总线　　　　　B．地址总线和数据总线
    C．数据总线、控制总线和地址总线　D．地址总线和控制总线
52. 决定CPU可直接寻址内存空间大小的是_____。
    A．数据总线的宽度　　　　　　　B．地址总线的位数
    C．控制总线的位数　　　　　　　D．外部总线的带宽
53. 计算机的三类总线中，不包括_____。
    A．数据总线　　B．地址总线　　C．控制总线　　D．传输总线
54. 微型计算机采用总线结构连接CPU、内存储器和外部设备，总线包括_____。
    A．地址总线、逻辑总线和信号总线　B．数据总线、地址总线和控制总线
    C．数据总线、传输总线和通信总线　D．控制总线、地址总线和运算总线
55. 在计算机系统中，被誉为"高速公路"的部件是_____。
    A．CPU　　　　B．主机　　　　C．总线　　　　D．外设
56. 用16×16点阵来表示汉字的字形，存储一个汉字的字形需用_____个字节。
    A．16×1　　　B．16×2　　　C．16×3　　　D．16×4
57. 某计算机的内存是16MB，则它的容量为_____个字节。
    A．16×1024×1024　　　　　　　B．16×1000×1000
    C．16×1024　　　　　　　　　　D．16×1000
58. 已知三个字符为b、Y和6，按它们的ASCII码值升序排序，结果是_____。
    A．6，b，Y　　B．b，6，Y　　C．Y，b，6　　D．6，Y，b
59. 图像分辨率是指_____。
    A．屏幕上能够显示的像素数目　　B．用厘米表示图像的实际尺寸大小
    C．图像所包含的颜色数　　　　　D．用像素表示数字化图像的实际大小
60. 图像的色彩模型是用数值方法指定颜色的一套规则和定义，常用的色彩模型有CMYK模型和_____。
    A．PSD模型　　B．RGB模型　　C．PAL模型　　D．GIF模型
61. 若一幅图像的分辨率是3840×2160，计算机屏幕分辨率为1920×1080，要全屏显示整幅图像，则该图像的显示比例为_____。
    A．1　　　　　B．0.5　　　　C．0.8　　　　D．0.6
62. 下列技术中，不属于多媒体需要解决的关键技术的是_____。
    A．音频、视频信息的获取、回放技术
    B．多媒体数据的压缩编码和解码技术
    C．音频、视频数据的同步实时处理技术
    D．图文信息的混合排版技术
63. 视频信息的最小单位是_____。
    A．比率　　　　B．赫兹（Hz）　　C．位（bit）　　D．帧
64. 多媒体信息不包括_____。

A．声卡、光盘 B．文字、图像
C．音频、视频 D．动画、影像

65．针对媒体，国际电报电话咨询委员会对它做了若干分类，在多媒体计算机系统中，摄像机和显示器属于_____。
A．感觉媒体 B．表现媒体 C．传输媒体 D．存储媒体

66．多媒体技术中，自然界的各种声音被定义为_____。
A．感觉媒体 B．表示媒体 C．表现媒体 D．存储媒体

67．下列数字视频中，_____质量最好。
A．240×180 分辨率、24 位真彩色、15 帧/秒的帧率
B．320×240 分辨率、32 位真彩色、25 帧/秒的帧率
C．320×240 分辨率、32 位真彩色、30 帧/秒的帧率
D．320×240 分辨率、16 位真彩色、15 帧/秒的帧率

68．声音是一种波，它的两个基本参数为_____。
A．振幅、频率 B．音色、音高
C．噪声、音质 D．采样率、采样位数

69．在对声音信号进行数字化处理时，每隔一个固定的时间间隔对波形区域的振幅进行一次取值，这被称为_____。
A．量化 B．采样 C．音频压缩 D．音乐合成

70．在数字音频信息获取与处理的过程中，下述顺序_____是正确的。
A．A/D 变换，采样，压缩，存储，解压缩，D/A 变换
B．采样，压缩，A/D 变换，存储，解压缩，D/A 变换
C．采样，A/D 变换，压缩，存储，解压缩，D/A 变换
D．采样，D/A 变换，压缩，存储，解压缩，A/D 变换

71．按照一定的数据模型组织的，长期储存在计算机内，可为多个用户共享的数据的集合是_____。
A．数据库系统 B．数据库
C．关系数据库 D．数据库管理系统

72．数据库系统的数据模型有三种，其中不包括_____。
A．网状模型 B．层次模型 C．线性模型 D．关系模型

73．用二维表结构表示实体与实体间联系的数据模型称为_____。
A．网状模型 B．层次模型 C．关系模型 D．面向对象模型

74．Access 所属的数据库类型是_____。
A．层次数据库 B．网状数据库
C．关系数据库 D．分布式数据库

75．下列不属于数据库管理系统的是_____。
A．SQL Server B．Java C．MySQL D．Access

76．英文缩写 DBMS 是指_____。
A．数据库系统 B．数据库管理系统
C．数据库管理员 D．数据库

77．数据库管理系统的英文缩写是_____。

A. DBB B. DBS C. DBMS D. DBSS

78. DB、DBS、DBMS 三者之间的关系是_____。
   A. DBS 包括 DB 和 DBMS   B. DBMS 包括 DB 和 DBS
   C. DB 包括 DBS 和 DBMS   D. DBS 就是 DB，也就是 DBMS

79. 数据库、数据库系统和数据库管理系统之间的关系是_____。
   A. 数据库系统包括数据库和数据库管理系统
   B. 数据库管理系统包括数据库系统和数据库
   C. 数据库包括数据库系统和数据库管理系统
   D. 三者等价

80. 计算机的存储器中，组成一个字节的二进制位个数是_____。
   A. 32   B. 16   C. 8   D. 4

81. 以下关于"bit"的说法中正确的是_____。
   A. 数据最小单位，即二进制数的 1 位
   B. 基本存储单位，对应 8 位二进制位
   C. 基本运算单位，对应 8 位二进制位
   D. 基本运算单位，二进制位数不固定

82. 下列不是度量存储器容量的单位是_____。
   A. KB   B. MB   C. GHz   D. GB

83. 在计算机中，1MB 等于_____。
   A. 1000×1000Bytes   B. 1024KB
   C. 1024B   D. 1000B

84. TB 是度量存储器容量大小的单位之一，1TB 等于_____。
   A. 1024GB   B. 1024MB   C. 1024PB   D. 1024KB

85. 一台微型计算机的硬盘容量为 1TB，指的是_____。
   A. 1024G 位   B. 1024G 字节   C. 1024G 字   D. 1TB 汉字

86. 字长为 7 位的无符号二进制整数能表示的十进制整数的数值范围是_____。
   A. 0～128   B. 0～255   C. 0～127   D. 1～127

87. 数据在计算机内部传送、处理和存储时，采用的数制是_____。
   A. 十六进制   B. 八进制   C. 十进制   D. 二进制

88. 已知 3 个用不同数制表示的整数 A=00111101B，B=3CH，C=64D，则能成立的比较关系是_____。
   A. A<B<C   B. B<C<A   C. B<A<C   D. C<B<A

89. 二进制数 10 1101.11 对应的八进制数为_____。
   A. 61.6   B. 61.3   C. 55.3   D. 55.6

90. 十进制数 101 转换成二进制数是_____。
   A. 0110 1011   B. 0110 0011   C. 0110 0101   D. 0110 1010

91. 用 8 位二进制数能表示的最大的无符号整数等于十进制整数_____。
   A. 255   B. 256   C. 128   D. 127

92. 两个二进制数进行算术加运算，10 0001+111=_____。
   A. 10 1110   B. 10 1000   C. 10 1010   D. 10 0101

93. 十进制数 100 对应的二进制数、八进制数和十六进制数分别是_____。
    A. 110 0100B、144O 和 64H   B. 110 0110B、142O 和 62H
    C. 101 1100B、144O 和 66H   D. 110 0100B、142O 和 60H
94. 下列各数中，比二进制数 0001 0101 小的数是_____。
    A. 0001 1010B   B. 11H   C. 35D   D. A0H
95. 二进制数 1001001 转换成十进制数是_____。
    A. 71   B. 72   C. 73   D. 75
96. 将十六进制数 586 转换成 16 位的二进制数，应该是_____。
    A. 0000 0101 1000 0110   B. 0110 1000 0101 0000
    C. 0101 1000 0110 0000   D. 0000 0110 1000 0101
97. 现在的计算机中用于存储整型数据使用最广泛的表示方法是_____。
    A. 符号加绝对值   B. 二进制反码
    C. 二进制补码   D. 无符号整型
98. 任意一个实数在计算机内部都可以用"指数"和"尾数"来表示。这种用指数和尾数来表示实数的方法叫作_____。
    A. 定点表示法   B. 不定点表示法
    C. 尾数表示法   D. 浮点表示法
99. 从大量不完全的、有噪声的、模糊的、随机的实际应用数据中，提取隐含在其中的潜在有用的信息和知识的过程称为_____。
    A. 决策支持   B. 数据融合   C. 数据分析   D. 数据挖掘
100. 数据挖掘的目的在于_____。
    A. 从已知的大量数据中统计出详细的数据
    B. 从已知的大量数据中发现潜在的规则
    C. 对大量数据进行归类整理
    D. 对大量数据进行汇总统计
101. 数据挖掘分为_____数据挖掘和预测型数据挖掘。
    A. 列举型   B. 交换型   C. 描述型   D. 重点型
102. 无法在一定时间范围内用常规软件工具进行捕捉、管理和处理的数据集合称为_____。
    A. 非结构化数据   B. 数据库
    C. 异常数据   D. 大数据
103. 大数据时代，数据使用的关键是_____。
    A. 数据收集   B. 数据存储   C. 数据可视化   D. 数据再利用
104. 大数据应用需依托的新技术有_____。
    A. 大规模存储与计算   B. 数据分析处理
    C. 智能化   D. 以上三个选项都是
105. 以下_____不需要运用云计算技术。
    A. 播放本地电脑音频   B. 在线实时翻译
    C. 搜索引擎   D. 在线文档协同编辑
106. 在著作《计算机器与智能》中首次提出"机器也能思维"，被誉为"人工智能之父"的是_____。

A．约翰•冯•诺依曼 B．约翰•麦卡锡
C．艾伦•麦席森•图灵 D．亚瑟•塞缪尔

107．虚拟现实的关键技术不包括_____。
　　A．动态环境建模技术 B．实时三维图形生成技术
　　C．传感器技术 D．数据库技术

108．_____不是 VR 技术的显示设备。
　　A．移动端头显设备 B．一体式头显设备
　　C．外接式头显设备 D．VR 数据手套

109．_____是增强现实的缩写。
　　A．VR　　　B．AR　　　C．TR　　　D．MR

110．射频识别技术属于物联网产业链的_____环节。
　　A．标识　　　B．感知　　　C．处理　　　D．信息传送

111．_____不是物联网的相关技术。
　　A．射频识别 RFID 技术 B．传感技术
　　C．多媒体技术 D．云计算技术

112．按照机器介入程度，无人驾驶系统可分_____。
　　A．无自动驾驶、部分自动驾驶和完全自动驾驶
　　B．无自动驾驶、部分自动驾驶、有条件自动驾驶和完全自动驾驶
　　C．无自动驾驶、驾驶辅助、部分自动驾驶、有条件自动驾驶和完全自动驾驶
　　D．有条件自动驾驶和完全自动驾驶

113．科学思维包括理论思维、实验思维和_____。
　　A．形象思维　　B．开放思维　　C．逻辑思维　　D．计算思维

114．人类应具备的三大思维能力是指_____。
　　A．抽象思维、逻辑思维和形象思维 B．实验思维、理论思维和计算思维
　　C．逆向思维、演绎思维和发散思维 D．计算思维、理论思维和辩证思维

115．计算思维是_____。
　　A．计算机的思维 B．面向计算机科学的思维
　　C．编写程序过程的思维 D．人的思维

116．计算思维最根本的内容即其本质是_____。
　　A．自动化 B．抽象和自动化
　　C．程序化 D．抽象

117．一个完整的计算机系统应该包括_____。
　　A．主机、键盘和显示器 B．硬件系统和软件系统
　　C．主机和它的外部设备 D．系统软件和应用软件

118．计算机软件的确切含义是_____。
　　A．计算机程序、数据与相应文档的总称
　　B．系统软件与应用软件的总和
　　C．操作系统、数据库管理软件与应用软件的总和
　　D．各类应用软件的总称

119．软件是相对硬件而言的，是指_____。

A．程序 B．程序及其数据
C．程序及其文档 D．程序及其数据和文档

120．依据所起的作用不同，软件一般可分为系统软件和_____。
A．应用软件 B．专属软件 C．工具软件 D．自由软件

121．下列各项软件中均属于系统软件的是_____。
A．MIS 和 UNIX B．WPS 和 UNIX
C．Android 和 Linux D．MIS 和 WPS

122．下列各软件中，不是系统软件的是_____。
A．操作系统 B．语言处理系统
C．指挥信息系统 D．数据库管理系统

123．计算机系统软件中，最基本、最核心的软件是_____。
A．操作系统 B．数据库管理系统
C．程序语言处理系统 D．系统维护工具

124．下列关于系统软件的说法中，正确的是_____。
A．系统软件与具体应用领域无关
B．系统软件与具体的硬件无关
C．系统软件是在应用软件基础上开发的
D．系统软件就是指操作系统

125．在软件系统中，文字处理软件属于_____。
A．应用软件 B．系统软件
C．数据库软件 D．管理信息系统

126．MIS 是指_____。
A．管理信息系统 B．文字处理软件
C．辅助设计软件 D．工具软件

127．下列关于软件安装和卸载的叙述中，正确的是_____。
A．安装不同于复制，卸载不同于删除
B．安装就是复制，卸载就是删除
C．安装软件就是把软件直接复制到硬盘中
D．卸载软件就是将指定软件删除

128．按计算机应用的分类，办公自动化属于_____。
A．科学计算 B．辅助设计 C．实时控制 D．数据处理

129．在操作系统中，文件管理的主要功能是_____。
A．对移动存储器中的文件进行管理
B．对内存中的文件进行管理
C．对桌面上的文件进行管理
D．对外存中的文件进行管理

130．操作系统是计算机的软件系统中_____。
A．最常用的应用软件 B．最核心的系统软件
C．最通用的专用软件 D．最流行的通用软件

131．下面关于操作系统的叙述中，正确的是_____。

A．操作系统是计算机软件系统中的核心软件

B．操作系统属于应用软件

C．Windows 是 PC 唯一的操作系统

D．操作系统的功能是：启动、打印、显示、文件存取和关机

132．操作系统是系统软件，用于管理_____。

  A．程序资源 B．软件资源 C．计算机资源 D．硬件资源

133．操作系统是_____。

  A．主机与外设的接口   B．用户与计算机的接口

  C．系统软件与应用软件的接口 D．高级语言与汇编语言的接口

134．对于计算机来说，首先必须安装的软件是_____。

  A．数据库软件   B．应用软件

  C．操作系统   D．办公自动化软件

135．下列选项中，用于嵌入式设备的操作系统是_____。

  A．Android B．Windows 10 C．WPS D．UNIX

136．Linux 是一种_____。

  A．单用户多任务系统 B．多用户单任务系统

  C．单用户单任务系统 D．多用户多任务系统

137．Windows 操作系统的文件组织一般采用_____。

  A．网络结构 B．环形结构 C．线性结构 D．树形结构

138．以下关于 Windows 快捷方式的说法中正确的是_____。

  A．一个快捷方式可指向多个文件 B．一个文件可有多个快捷方式

  C．只有文件可以建立快捷方式   D．只有文件夹可以建立快捷方式

139．在 Windows 中，一个文件夹中可以包含_____。

  A．文件   B．文件夹

  C．快捷方式   D．文件、文件夹和快捷方式

140．Windows 中的"剪贴板"是_____。

  A．硬盘中的一块存储区域 B．硬盘中的一个文件

  C．高速缓存中的一块存储区域 D．内存中的一块存储区域

141．在 Windows 中，文件扩展名用来区分文件的_____。

  A．存放位置 B．类型 C．建立日期 D．大小

142．在 Windows 操作系统环境下，若要将当前活动窗口以图片的形式复制到"剪贴板"中，应按_____键。

  A．PrintScreen   B．Alt+PrintScreen

  C．Ctrl+PrintScreen   D．Shift+PrintScreen

143．Windows 系统的回收站用于存放_____。

  A．剪切的文本或图像 B．损坏的文件碎片

  C．被删除的文件或文件夹 D．可重复使用的文件

144．在 Windows 操作系统中，剪切的快捷键是_____。

  A．Ctrl+A B．Ctrl+V C．Ctrl+X D．Ctrl+C

145．Windows 操作系统中进行系统设置的工具集是_____，用户可以根据自己的爱好更改

显示器、键盘、鼠标器、桌面等硬件的设置。
  A．开始菜单   B．我的电脑
  C．资源管理器   D．控制面板

146．一个应用程序窗口被最小化后，该应用程序将_____。
  A．转入后台执行   B．暂停执行
  C．终止执行   D．执行而不占用资源

147．如果要打开任务管理器，可以同时按下_____组合键。
  A．Ctrl+Shift   B．Ctrl+Alt+Del
  C．Ctrl+Esc   D．Alt+Tab

148．在 Windows 中，下列字符串中合法的文件名是_____。
  A．ad*.jpg   B．saq/.txt
  C．w??u.word   D．my file.elx

149．下列文件格式中，_____不是图像文件的扩展名。
  A．.FLC   B．.TIF   C．.BMP   D．.JPG

150．下列可以支持动画效果的图像格式是_____。
  A．GIF   B．TIFF   C．JPEG   D．BMP

151．既可以存储静态图像，又可以存储动画的文件格式为_____。
  A．GIF   B．BMP   C．PSD   D．JPG

152．下列_____不是音频文件格式。
  A．WAVE   B．BMP   C．MPEG   D．MIDI

153．广泛用在一些视频播放网站上的视频文件格式是_____。
  A．MPEG   B．AVI   C．MOV   D．DAT

154．在 Windows 及其应用程序中，"撤销"操作所对应的快捷键一般为_____。
  A．Ctrl+A   B．Ctrl+S   C．Ctrl+N   D．Ctrl+Z

155．下列选项中，用于文件压缩与解压缩的应用软件是_____。
  A．WinRAR   B．腾讯 QQ   C．Access   D．Outlook

156．下列选项中，不可用于即时通信的软件是_____。
  A．腾讯 QQ   B．微信   C．钉钉   D．IE 浏览器

157．计算机病毒是可以造成机器故障的一种计算机_____。
  A．芯片   B．部件   C．程序   D．设备

158．_____不属于计算机病毒被制造的目的。
  A．破坏用户健康   B．盗取使用者信息
  C．破坏计算机功能   D．破坏用户数据

159．通过植入_____病毒程序，黑客可以远程控制你的计算机，并进行窃取信息的活动。
  A．远程桌面连接   B．木马
  C．蠕虫   D．小邮差

160．被称为网络上十大危险病毒之一的"QQ 大盗"，属于_____。
  A．聊天游戏   B．文本文件   C．木马程序   D．下载工具

161．计算机病毒是一段程序代码，具有如下特点：寄生性、隐蔽性、可触发性和_____。
  A．传染性   B．潜伏性   C．破坏性   D．以上都是

162. 属于计算机病毒特征的是_____。
    A．传染性　　　B．实时性　　　　C．突发性　　　　D．独立性
163. _____操作不可能传播计算机病毒。
    A．使用 U 盘　　　　　　　　　　B．使用 QQ 传输文件
    C．使用正版软件　　　　　　　　D．收发 E-mail
164. 以下选项中，不会引起计算机中病毒的是_____。
    A．及时更新杀毒软件　　　　　　B．随意运行来源不明的程序
    C．随便浏览或登录陌生网站　　　D．点击来源不明的邮件及附件
165. 发现计算机可能中病毒后，比较合理的操作是_____。
    A．断网后用杀毒软件杀毒　　　　B．重启计算机，等待自行恢复
    C．关闭计算机　　　　　　　　　D．上网聊天
166. 以下不是常用杀毒软件的是_____。
    A．360 安全卫士　　　　　　　　B．金山毒霸
    C．SQL Server　　　　　　　　　D．火绒安全软件
167. 以下关于计算机病毒的说法中，错误的是_____。
    A．计算机病毒是一个程序，一段可执行代码
    B．计算机病毒是天然存在的
    C．计算机病毒具有自我复制等生物病毒特征
    D．计算机病毒可通过网络传播
168. 计算机网络安全的最终目标是_____。
    A．保密性　　　B．完整性　　　　C．可用性　　　　D．以上都是
169. 以下_____不属于信息安全技术的范围。
    A．信息加密技术　　　　　　　　B．身份认证技术
    C．病毒监测技术　　　　　　　　D．局域网组建技术
170. 下列信息安全控制方法中，不合理的是_____。
    A．设置网络防火墙　　　　　　　B．限制对计算机的物理接触
    C．用户权限设置　　　　　　　　D．数据加密
171. 以下_____不是信息安全面临的威胁。
    A．信息泄露　　B．文件传输　　　C．假冒攻击　　　D．非授权访问
172. 以下不是用于保证网络信息安全的服务功能是_____。
    A．Windows 防火墙　　　　　　　B．360 杀毒
    C．Chrome　　　　　　　　　　　D．腾讯电脑管家
173. 以下不是信息安全基本属性的是_____。
    A．保密性　　　B．可用性　　　　C．可读性　　　　D．完整性
174. 以下不属于信息安全基本属性的是_____。
    A．即时性　　　B．可用性　　　　C．保密性　　　　D．完整性
175. 要确保信息的保密性，可以采用_____技术。
    A．信息加密技术　　　　　　　　B．防火墙技术
    C．身份认证技术　　　　　　　　D．病毒查杀技术
176. 以下_____不是密码技术在保障信息安全中可以达到的目的。

A．实现数据保密性 B．防止数据被更改
C．验证发送者身份 D．防止病毒入侵

177．利用恺撒密码进行加密时，约定明文中的所有字母都在字母表上向后循环偏移3位，从而得到密文。这里的数字3可以理解为_____。
　　A．密钥　　　B．算法　　　C．明文　　　D．密文

178．加密算法按照密钥是否相同可以分为_____。
　　A．DES 和 RSA　　　B．AES 和 DSA
　　C．对称加密和非对称加密　　　D．单向加密和双向加密

179．跟非对称加密技术相比，对称加密技术的优点是_____。
　　A．加密速度更快　　　B．密钥管理更安全
　　C．加密程度更复杂　　　D．密钥长度更长

180．数字签名技术是将签名信息用_____进行加密传送给接收者。
　　A．发送者的私钥　　　B．发送者的公钥
　　C．接收者的私钥　　　D．接收者的公钥

181．数字签名技术的使用，确保了信息的_____。
　　A．保密性　　　B．可控性　　　C．可用性　　　D．不可否认性

182．以下_____不是防火墙技术的优点。
　　A．防止恶意入侵　　　B．消灭恶意攻击源
　　C．阻止恶意代码传播　　　D．保障内部网络数据安全

183．下面关于防火墙的说法中，错误的是_____。
　　A．防火墙可以杀毒
　　B．防火墙对流经它的网络通信进行扫描，能够过滤掉一些攻击
　　C．防火墙能将内部网和公用网络（如Internet）分开
　　D．防火墙能监测网络通信

184．算法指的是_____。
　　A．计算机程序　　　B．解决问题的计算方法
　　C．排序方法　　　D．解决问题的有限运算序列

185．算法是指一系列解决问题的清晰_____。
　　A．程序　　　B．指令　　　C．代码　　　D．符号

186．算法的时间复杂度是指_____。
　　A．执行算法程序所需要的时间
　　B．算法程序的长度
　　C．算法程序中的指令条数
　　D．算法执行过程中所需要的基本运算次数

187．算法的空间复杂度是指_____。
　　A．算法程序的长度　　　B．算法程序中的指令条数
　　C．算法程序所占的存储空间　　　D．算法执行过程中所需要的存储空间

188．算法的3种基本控制结构是顺序结构、分支结构和_____。
　　A．模块结构　　　B．情况结构　　　C．流程结构　　　D．循环结构

189．以下关于算法的叙述中错误的是_____。

A．算法可以用伪代码、流程图等多种形式来描述
B．一个正确的算法必须有输入
C．一个正确的算法必须有输出
D．用流程图描述的算法可以用任何一种计算机高级语言编写成程序代码

190．数据结构是指＿＿＿＿＿。
A．数据元素的组织形式　　　　B．数据类型
C．数据存储结构　　　　　　　D．数据定义

191．数据在计算机存储器内表示时，物理地址与逻辑地址相同并且是连续的，称之为＿＿＿＿＿。
A．存储结构　　　　　　　　　B．顺序存储结构
C．逻辑结构　　　　　　　　　D．链式存储结构

192．数据结构里，树是一种常用的数据结构，树的逻辑结构是＿＿＿＿＿。
A．一对多　　B．一对一　　C．二对一　　D．多对多

193．以下数据结构中，属于非线性数据结构的是＿＿＿＿＿。
A．栈　　　　B．线性表　　C．队列　　　D．二叉树

194．堆栈数据的进出原则是＿＿＿＿＿。
A．先进先出　　B．进入不出　　C．后进后出　　D．先进后出

195．队列中元素的进出原则是＿＿＿＿＿。
A．先进先出　　B．后进先出　　C．队空则进　　D．队满则出

196．数据结构里，图由＿＿＿＿＿组成。
A．顶点和边　　B．权和边　　C．网和边　　D．箭头和顶点

197．下列各类计算机程序语言中，不属于高级程序设计语言的是＿＿＿＿＿。
A．Python 语言　　　　　　　B．C++语言
C．Java 语言　　　　　　　　D．汇编语言

198．用高级程序设计语言编写的程序＿＿＿＿＿。
A．计算机能直接执行　　　　　B．具有良好的可读性和可移植性
C．执行效率高　　　　　　　　D．依赖于具体机器

199．以下关于编译程序的说法中，正确的是＿＿＿＿＿。
A．编译程序直接生成可执行文件
B．编译程序直接执行源程序
C．编译程序完成高级语言程序到低级语言程序的等价翻译
D．各种编译程序构造都比较复杂，所以执行效率高

200．高级语言编译程序按分类来看属于＿＿＿＿＿。
A．操作系统　　　　　　　　　B．系统软件
C．应用软件　　　　　　　　　D．数据库管理软件

201．计算机网络是计算机技术和＿＿＿＿＿相结合的产物。
A．网络技术　　　　　　　　　B．通信技术
C．人工智能技术　　　　　　　D．管理技术

202．计算机网络最突出的特点是＿＿＿＿＿。
A．资源共享　　　　　　　　　B．运算精度高

C．运算速度快 　　　　　　　　D．内存容量大
203．家庭网络一般选择_____设备进行网络交换通信。
　　A．交换机　　B．集线器　　C．路由器　　D．电话
204．下列属于计算机网络通信设备的是_____。
　　A．显卡　　B．交换机　　C．音箱　　D．声卡
205．路由器工作在OSI的_____。
　　A．物理层　　B．网络层　　C．数据链路层　　D．应用层
206．对局域网来说，网络控制的核心是_____。
　　A．工作站　　B．网卡　　C．网络服务器　　D．网络互联设备
207．在常用的传输媒体中，带宽最宽、信号传输衰减最小、抗干扰能力最强的是_____。
　　A．双绞线　　B．无线信道　　C．同轴电缆　　D．光纤
208．计算机网络中，所有的计算机都连接到一个中心节点上，一个网络节点需要传输数据，首先传输到中心节点上，然后由中心节点转发到目的节点，这种结构被称为_____。
　　A．总线结构　　B．环形结构　　C．星形结构　　D．网状结构
209．在学校的机房教室中由计算机及网络设备组成了一个网络，这个网络属于_____。
　　A．教育网　　B．星形网　　C．局域网　　D．广域网
210．下面_____网络拓扑结构最常用于家庭网络。
　　A．总线型　　B．星形　　C．环形　　D．树形
211．一座大楼内的一个计算机网络系统，属于_____。
　　A．PAN　　B．LAN　　C．MAN　　D．WAN
212．有一个网咖，将所有的计算机连接成网络，该网络属于_____。
　　A．广域网　　B．城域网　　C．局域网　　D．吧网
213．区分局域网和广域网的依据是_____。
　　A．网络用户　　B．传输协议　　C．联网设备　　D．联网范围
214．从用途来看，计算机网络可以分为专用网和_____。
　　A．广域网　　B．分布式系统　　C．公用网　　D．互联网
215．计算机网络中，英文缩写LAN的中文名是_____。
　　A．广域网　　B．城域网　　C．局域网　　D．无线网
216．以下不是局域网特点的是_____。
　　A．局域网有一定的地理范围　　B．局域网经常为一个单位所有
　　C．局域网内通信速度和广域网一致　　D．局域网内更方便共享网络资源
217．以下有关无线局域网的描述中错误的是_____。
　　A．无线局域网是依靠无线电波进行传输的
　　B．建筑物无法阻挡无线电波，对无线局域网通信没有影响
　　C．家用的无线局域网设备常用无线路由器
　　D．家庭无线局域网最好设置访问密码
218．网络协议的三要素是语义、语法和_____。
　　A．时间　　B．时序　　C．保密　　D．报头
219．_____不是一个网络协议的组成要素之一。
　　A．语法　　B．语义　　C．同步　　D．体系结构

220. 在 OSI 七层结构模型中，处于数据链路层与传输层之间的是_____。
    A. 物理层　　　　B. 网络层　　　　C. 会话层　　　　D. 表示层
221. 完成路径选择功能是在 OSI 模型的_____。
    A. 物理层　　　　B. 数据链路层　　C. 网络层　　　　D. 运输层
222. 互联网 Internet 最早起源于_____。
    A. Intranet　　　B. ARPAnet　　　C. OSI　　　　　D. WLAN
223. 基于 TCP/IP 协议集的 Internet 体系结构保证了系统的_____。
    A. 可靠性　　　　B. 安全性　　　　C. 开放性　　　　D. 可用性
224. TCP/IP 协议是_____。
    A. 远程登录协议　　　　　　　　　B. 传输控制/网际协议
    C. 文件传输协议　　　　　　　　　D. 邮件协议
225. 以下不属于 TCP/IP 参考模型层次的是_____。
    A. 网络层　　　　B. 表示层　　　　C. 传输层　　　　D. 应用层
226. 在 Internet 中，按_____进行寻址。
    A. 邮件地址　　　B. IP 地址　　　　C. MAC 地址　　　D. 网线接口地址
227. 最新一代因特网 IP 的版本是_____。
    A. IPv4　　　　　B. IPv5　　　　　C. IPv6　　　　　D. IPv7
228. IPv4 地址是_____位二进制数。
    A. 32　　　　　　B. 4　　　　　　C. 24　　　　　　D. 48
229. 因特网中的 IP 地址由 4 个字节组成，每个字节之间用_____符号分开。
    A. 、　　　　　　B. ，　　　　　　C. ：　　　　　　D. .
230. IP 地址包括_____。
    A. 网络号　　　　　　　　　　　　B. 网络号和主机号
    C. 网络号和 MAC 地址　　　　　　D. MAC 地址
231. 目前 IP 地址一般分为 A、B、C 三类，其中 C 类地址的主机号占_____个二进制位，因此一个 C 类地址网段内最多只有 250 余台主机。
    A. 4　　　　　　B. 8　　　　　　C. 16　　　　　　D. 24
232. 下列 IP 地址中，_____是 C 类地址。
    A. 127.19.0.23　　　　　　　　　B. 193.0.25.37
    C. 225.21.0.11　　　　　　　　　D. 170.23.0.1
233. 下列 IP 地址中，_____属于 C 类 IP 地址。
    A. 192.168.1.1　　　　　　　　　B. 124.3.2.1
    C. 255.255.255.0　　　　　　　　D. 1.0.0.1
234. ping_____地址是用于检查本机网卡驱动程序是否正常。
    A. 127.1.0.0　　　　　　　　　　B. 127.0.0.1
    C. 192.168.1.1　　　　　　　　　D. 192.168.0.1
235. Internet 中 URL 的含义是_____。
    A. 统一资源定位符　　　　　　　　B. Internet 协议
    C. 简单邮件传输协议　　　　　　　D. 传输控制协议
236. 以下 URL 统一资源定位符中格式错误的是_____。

A．http://www.163.com B．https://mail.163.com
C．ftp://ftp.ks.zj.cn D．http:Hz.zj

237．在地址栏中显示 http://www.hdu.edu.cn，则所采用的协议是_____。
A．HTTP B．FTP C．WWW D．电子邮件

238．以下顶级域名中，代表中国的是_____。
A．CC B．CHINA C．com D．cn

239．域名中的后缀".gov"表示机构所属类型为_____。
A．教育机构 B．军事机构 C．商业公司 D．政府机构

240．网址"www.hdu.edu.cn"中 cn 表示_____。
A．英国 B．美国 C．日本 D．中国

241．以下不是顶级域名的是_____。
A．.cn B．.com C．.net D．.zj

242．1965 年科学家提出"超文本"的概念，"超文本"的核心是_____。
A．链接 B．网络 C．图像 D．声音

243．以下协议中，用于网页传输的协议是_____。
A．HTTP B．URL C．SMTP D．HTML

244．HTTP 是一种_____。
A．域名 B．高级语言
C．服务器名称 D．超文本传输协议

245．HTTP 协议是_____。
A．超文本传输协议 B．文件传输协议
C．发送邮件协议 D．远程登录协议

246．在地址栏中输入"http://djks.edu.cn"，djks.edu.cn 是一个_____。
A．域名 B．文件 C．邮箱 D．国家

247．电子邮件地址的一般格式为_____。
A．IP 地址@域名 B．用户名@域名
C．用户名 D．用户名@IP 地址

248．下列选项中表示电子邮件地址的是_____。
A．djks@163.com B．192.168.0.1
C．www.djks.edu.cn D．ftp.djks.edu.cn

249．以下电子邮箱地址中正确的是_____。
A．student#163.com B．student@163.com
C．student@163 D．163.com@student

250．电子邮件是 Internet 应用最广泛的服务项目，通常采用的传输协议是_____。
A．SMTP B．TCP/IP C．CSMA/CD D．IPX/SPX

251．SMTP 是_____协议。
A．简单邮件传输协议 B．文件传输协议
C．接收邮件协议 D．因特网消息访问协议

252．用于电子邮件的协议是_____。
A．IP B．TCP C．SNMP D．SMTP

253. 下列不属于电子邮件协议的是_____。
    A．POP3　　　　B．SMTP　　　　C．SNMP　　　　D．IMAP4
254. 发送电子邮件时，如果对方没有开机，那么邮件将_____。
    A．丢失　　　　　　　　　　B．退回给发件人
    C．开机时重新发送　　　　　D．保存在邮件服务器上
255. 在Internet中，用于文件传输的协议是_____。
    A．HTML　　　　B．POP　　　　C．SMTP　　　　D．FTP
256. 以下关于网站与网页的说法中错误的是_____。
    A．网站经常是由多个网页组成的
    B．网页就是网站，网站也就是网页
    C．网站中的网页通常存在跳转关系
    D．通过浏览器访问网站，浏览的是网页
257. 网页文件实际上是一种_____。
    A．声音文件　　　　　　　　B．图形文件
    C．图像文件　　　　　　　　D．文本文件
258. 目前网页中最常用的两种图像文件格式为GIF和_____。
    A．BMP　　　　B．TIF　　　　C．PSD　　　　D．JPG
259. 以下不是常用搜索引擎的是_____。
    A．百度　　　　B．谷歌　　　　C．优酷　　　　D．搜狗
260. 浏览器中收藏夹的作用是_____。
    A．收藏文件　　B．收藏文本　　C．收藏网址　　D．收藏图片

2.2 多选题

1. 信息技术是有关信息的_____等技术。
    A．获取　　　　B．存储　　　　C．传递　　　　D．处理
    E．应用
2. 多媒体数据压缩技术，一般分为_____。
    A．有损压缩　　B．快速压缩　　C．无损压缩　　D．不可逆压缩
3. 算法的三种基本结构是_____。
    A．顺序结构　　B．分支结构　　C．循环结构　　D．上下结构
    E．左右结构
4. 图像信息的数字化，一般需要_____。
    A．采样　　　　　　　　　　B．量化
    C．加密　　　　　　　　　　D．编码
    E．编译
5. 常见的数据库类型有_____。
    A．层次型　　　　　　　　　B．阶梯型
    C．网状型　　　　　　　　　D．独立型

E．关系型

6．下列叙述中正确的是＿＿＿＿。
   A．任何二进制整数都可以完整地用十进制整数来表示
   B．任何十进制小数都可以完整地用二进制小数来表示
   C．任何二进制小数都可以完整地用十进制小数来表示
   D．任何十六进制整数都可以完整地用十进制整数来表示

7．下列选项中，可能是八进制数据的是＿＿＿＿。
   A．129   B．107
   C．0012   D．678

8．浮点数由＿＿＿＿两部分组成。
   A．阶码   B．原码
   C．尾数   D．补码

9．下列有关汉字内码的说法中，正确的是＿＿＿＿。
   A．内码一定无重码   B．内码就是区位码
   C．使用内码便于打印   D．内码每字节的最高位为1

10．下列的各种表示中，＿＿＿＿是存储器容量单位。
    A．KB   B．MB
    C．GB   D．MHz

11．下列用于度量存储器容量的单位是＿＿＿＿。
    A．KB   B．MB
    C．GHz   D．GB
    E．MIPS

12．下列选项中，属于微型计算机主机部件的是＿＿＿＿。
    A．主板   B．CPU
    C．硬盘   D．内存
    E．U盘

13．下列选项中，属于CPU组成部件的是＿＿＿＿。
    A．控制器   B．寄存器组
    C．ROM存储器   D．运算器
    E．USB

14．下列选项中，属于CPU性能指标的是＿＿＿＿。
    A．耗电量   B．字长
    C．效率   D．主频
    E．内存容量

15．CPU中，运算器的主要功能是＿＿＿＿。
    A．算术运算   B．分析指令
    C．逻辑运算   D．取指令

16．计算机的三类总线中，包括＿＿＿＿。
    A．数据总线   B．地址总线
    C．控制总线   D．传输总线

17. 外存与内存相比,其主要特点有_____。
    A. 存取速度快　　　　　　　　　　B. 能长期保存信息
    C. 能存储大量信息　　　　　　　　D. 单位容量的价格更便宜
18. 下列选项中,属于外存储器的是_____。
    A. 硬盘存储器　　　　　　　　　　B. ROM
    C. RAM　　　　　　　　　　　　　D. U 盘
    E. 高速缓冲存储器
19. 下列设备中,属于输入设备的是_____。
    A. 键盘　　　　　　　　　　　　　B. 显示器
    C. 鼠标　　　　　　　　　　　　　D. 音箱
    E. 投影仪
20. 下列设备中,属于计算机输出设备的是_____。
    A. 打印机　　　　　　　　　　　　B. 绘图仪
    C. 显示器　　　　　　　　　　　　D. 键盘
    E. 鼠标
21. 下列设备中,属于输出设备的有_____。
    A. 显示器　　　　　　　　　　　　B. 打印机
    C. 鼠标　　　　　　　　　　　　　D. 键盘
    E. 投影仪
22. 计算机软件包含_____。
    A. 程序　　　　　　　　　　　　　B. 输入数据
    C. 输出数据　　　　　　　　　　　D. 相关文档
    E. 编译器
23. 下列选项中属于操作系统功能的是_____。
    A. 文件管理　　　　　　　　　　　B. 存储管理
    C. 设备管理　　　　　　　　　　　D. 数据库管理
24. 下列软件中,属于操作系统的是_____。
    A. Windows　　　　　　　　　　　B. Office
    C. Linux　　　　　　　　　　　　D. Android
    E. MySQL
25. 在 Windows 环境下,用 "A?1" 能找到的文件有_____。
    A. A21.TXT　　　　　　　　　　　B. A671.DOC
    C. AE1.BAK　　　　　　　　　　　D. AG123.PRG
26. 下列文件格式中,属于音频文件格式的是_____。
    A. *.dat 文件　　　　　　　　　　B. *.wav 文件
    C. *.mid 文件　　　　　　　　　　D. *.wma 文件
27. 以下扩展名对应类型的文件中可能存在病毒的是_____。
    A. EXE　　　　　　　　　　　　　B. DOCX
    C. TXT　　　　　　　　　　　　　D. BMP
28. 下列软件中,属于系统软件的是_____。

A．C++编译程序 B．Excel
C．学籍管理系统 D．财务管理系统
E．Linux

29．下列选项中，属于系统软件的是_____。
A．数据库管理系统 MySQL B．UNIX
C．Java 程序集成开发环境 D．Photoshop
E．腾讯 QQ

30．下列选项中，属于系统软件的有_____。
A．文字处理软件 B．Linux
C．UNIX D．学籍管理系统
E．Windows

31．下列选项中，属于应用软件的是_____。
A．微信 B．Photoshop
C．UNIX D．WPS
E．支付宝

32．下列软件中，属于应用软件的是_____。
A．Windows B．PowerPoint
C．UNIX D．Linux
E．MIS（管理信息系统）

33．下列各组软件中，属于应用软件的是_____。
A．视频播放系统 B．数据库管理系统
C．导弹飞行控制系统 D．语言处理程序
E．航天信息系统

34．计算机网络功能中的资源共享主要包括_____。
A．硬件资源共享 B．软件资源共享
C．数据资源共享 D．用户资源共享

35．下列选项中，属于计算机局域网拓扑结构的是_____。
A．全连接型 B．总线型
C．星形 D．树形
E．分散型

36．按地理区域划分，计算机网络可分为_____。
A．城域网 B．局域网
C．广域网 D．无线网
E．以太网

37．下列关于计算机网络的叙述中，正确的是_____。
A．网络中的计算机在共同遵循通信协议的基础上相互通信
B．只有相同类型的计算机互相连接起来，才能构成计算机网络
C．计算机网络可实现资源共享
D．计算机网络可实现数据传输

38．在 Internet 中，URL（统一资源定位符）组成部分包括_____。

A. 协议 B. 路径及文件名
C. 网络名 D. 域名

39. 下列选项中，属于互联网基本服务的是_____。
A. WWW B. FTP
C. E-mail D. GPS
E. B2B

40. 一个 IP 地址由三个部分组成，它们是_____。
A. 类别 B. 网络号
C. 主机号 D. 域名

41. 下列 IP 地址中正确的是_____。
A. 192.168.1.1 B. 255.255.8.257
C. 186.3.2.278 D. 112.3.5.6
E. 100.4.5.6

42. 下列有关电子邮件的说法中，正确的是_____。
A. 没有主题的邮件无法发送
B. 电子邮件是 Internet 提供的一项基本服务
C. 只要有 E-mail 地址，别人就可以给你发送电子邮件
D. 电子邮件可发送的信息只有文字和图像

43. 下列选项中属于物联网应用的是_____。
A. 智能化识别 B. 在线监测
C. 定位追溯 D. 即时通信
E. 智能家居

44. 下列选项中属于区块链特点的是_____。
A. 去中心化 B. 去信任化
C. 可追溯 D. 集体维护
E. 不可篡改

45. 大数据的典型应用有_____。
A. 管理信息系统 B. 疾病疫情预测
C. 股票市场预测 D. 电子商务网站
E. 交通行为预测

2.3 判断题

1. 计算思维最根本的内容，即其本质是抽象和自动化。 （ ）
2. 计算思维实际上就是人类求解问题的思维方法。 （ ）
3. 数据思维是应用数据科学的原理、方法、技术解决现实场景中问题的思维逻辑。（ ）
4. 信息技术就是指计算机技术。 （ ）
5. 计算机主要应用于科学计算、信息处理、过程控制、辅助系统、通信等领域。（ ）
6. 第二代计算机的主要元件是电子管。 （ ）

7. CPU 的主频指的是 CPU 的运行速度。（   ）
8. 字长为 32 位表示这台计算机的 CPU 一次能处理 32 位二进制数。（   ）
9. 计算机的字长并不一定是字节的整数倍。（   ）
10. 高速缓冲存储器是用于 CPU 与内存之间进行数据交换的缓冲，其特点是访问速度快，但容量小。（   ）
11. 在 DIY 装机时，主板 CPU 插槽要与 CPU 引脚数一致。（   ）
12. 主板的作用相当于人的大脑，控制着整台微机的运行。（   ）
13. 显卡是计算机的基本部件之一，主要负责信息显示。（   ）
14. 分辨率是显示器的一个重要指标，它表示显示器屏幕上像素的数量。（   ）
15. 显示器的分辨率为 1920×1080，表示该屏幕水平方向每行有 1080 个点，垂直方向每列有 1920 个点。（   ）
16. 内存储器容量的大小是衡量计算机性能的指标之一。（   ）
17. 硬盘属于外部存储器。（   ）
18. 移动硬盘或 U 盘连接计算机所使用的接口通常是并行接口。（   ）
19. 内存较外存而言存取速度快，但容量一般比外存小，价格相对较昂贵。（   ）
20. 键盘、鼠标、打印机都属于输入设备。（   ）
21. 喷墨打印机使用的耗材是硒鼓。（   ）
22. 组成一个计算机系统的两大部分是硬件系统和软件系统。（   ）
23. 微型计算机硬件系统中最核心、最关键的部件是输入/输出设备。（   ）
24. 根据传递信息的种类不同，系统总线可分为地址总线、控制总线和数据总线。（   ）
25. 数据总线用于单向传输 CPU 与内存或 I/O 之间的数据。（   ）
26. 软件不会像硬件一样老化磨损，因而不需要维护。（   ）
27. 软件一般对硬件环境有着一定程度的依赖性，不同的硬件环境需要不同软件。（   ）
28. 支持应用软件的开发和运行是系统软件的重要功能之一。（   ）
29. 软件也需要维护，软件维护主要是修复程序中被破坏的指令。（   ）
30. Windows 控制面板是一个应用程序，主要用于查看并操作基本的系统设置和控制。
（   ）
31. 微机上广泛使用的 Windows 是多任务操作系统。（   ）
32. Windows 是单任务操作系统。（   ）
33. 在 Windows 中，cyz*.jpg 是合法文件名。（   ）
34. 在 Windows 中，通过"资源管理器"可以对系统资源进行管理。（   ）
35. Windows 是 PC 唯一的操作系统。（   ）
36. Windows 中，当用户为应用程序创建快捷方式时，就是将应用程序增加一个备份。
（   ）
37. 一个文档可对应多个快捷方式图标。（   ）
38. 文件系统为用户提供了一个简单、统一的访问文件的方法。（   ）
39. 两个同名的文件可以存放在同一个文件夹中。（   ）
40. PowerPoint 是应用软件。（   ）
41. Linux 是一个开源的操作系统，其源码可以免费获得。（   ）
42. 以太网是当今现有局域网采用的最通用的通信协议标准。（   ）

43．在计算机网络术语中，LAN 的中文含义是局域网。　　　　　　　　（　　）
44．分布在一座大楼中的网络可称为一个局域网。　　　　　　　　　　（　　）
45．网络通信可以不遵循任何协议。　　　　　　　　　　　　　　　　（　　）
46．资源子网由主计算机系统、终端、终端控制器、联网外设、各种软件资源及数据资源组成。　　　　　　　　　　　　　　　　　　　　　　　　　　　　　　（　　）
47．计算机网络拓扑定义了网络资源在逻辑上或物理上的连接方式。　　（　　）
48．相对于有线局域网，可移动性是无线局域网的优势之一。　　　　　（　　）
49．信息共享是计算机网络的重要功能之一。　　　　　　　　　　　　（　　）
50．Internet 起源于美国的 ARPAnet。　　　　　　　　　　　　　　　 （　　）
51．Internet 是全球性的、最具影响力的计算机互联网络，它使用的通信协议标准是 TCP/IP 协议。　　　　　　　　　　　　　　　　　　　　　　　　　　　　　　　（　　）
52．通过 IP、域名 DNS，每一台主机在 Internet 上都被赋予了不同的地址。（　　）
53．和电话号码一样，IP 地址是由 Internet 网络中心统一分配的。　　　（　　）
54．普通的家庭上网使用的是 A 类 IP 地址。　　　　　　　　　　　　 （　　）
55．网页文件的扩展名是".html"或".htm"，还有".asp"".php"等。　　（　　）
56．使用电子邮件应该有一个电子邮件地址，它的格式是固定的，其中必不可少的字符是@。　　　　　　　　　　　　　　　　　　　　　　　　　　　　　　　　（　　）
57．当他人发来电子邮件时，计算机必须处于开机状态，否则邮件就会丢失。（　　）
58．电子邮件中所包含的信息只能是文字。　　　　　　　　　　　　　（　　）
59．常用的电子邮件协议有 SMTP、POP3、IMAP，其中 POP3 是接收邮件服务协议。
　　　　　　　　　　　　　　　　　　　　　　　　　　　　　　　　（　　）
60．Internet 中的 SMTP 是用于文件传输的协议。　　　　　　　　　　（　　）
61．顶级域名".gov"表示非营利机构。　　　　　　　　　　　　　　　（　　）
62．顶级域名既可能表示国家或地区，也可能表示机构。　　　　　　　（　　）
63．物联网的英文名称是"The Internet of Things"，它只能实现物与物之间的通信。
　　　　　　　　　　　　　　　　　　　　　　　　　　　　　　　　（　　）
64．当前物联网的核心是互联网，物联网是比互联网更为庞大的网。　　（　　）
65．一个汉字的区位码就是它的国标码。　　　　　　　　　　　　　　（　　）
66．一个字符的标准 ASCII 码的长度是 7bits。　　　　　　　　　　　 （　　）
67．基本 ASCII 码包含 128 个不同的字符。　　　　　　　　　　　　　（　　）
68．外码是用于将汉字输入计算机而设计的汉字编码。　　　　　　　　（　　）
69．八位二进制数可以表示最多 256 种状态。　　　　　　　　　　　　（　　）
70．十进制数 59 转换成无符号二进制整数是 011 1101。　　　　　　　（　　）
71．十进制数 245 转换为八进制数表示为 363。　　　　　　　　　　　（　　）
72．十进制数 11，在十六进制数中仍表示成 11。　　　　　　　　　　 （　　）
73．负数求补的规则：对原码，符号位保持不变，其余各位变反。　　　（　　）
74．正数：原码、反码、补码表示都相同。　　　　　　　　　　　　　（　　）
75．同一负整数分别用原码、反码或补码表示时，其编码不一定相同。　（　　）
76．实数在计算机中一般采用浮点表示法。　　　　　　　　　　　　　（　　）
77．实数的浮点表示由指数和尾数（含符号位）两部分组成。　　　　　（　　）

78. 计算机中用来表示存储空间大小的基本容量单位是字节。（   ）
79. 字节是指计算机中一小组相邻的二进制数码，通常 8 位作为一个字节。（   ）
80. MB 是计算机的存储器容量单位，1MB=1000B。（   ）
81. 多媒体技术是指通过计算机对图像、动画、声音等多种媒体信息进行综合处理和管理，使用户可以通过多种感官与计算机进行实时信息交互的技术。（   ）
82. 多媒体数据之所以能被压缩，是因为数据本身存在冗余。（   ）
83. 多媒体技术促进了通信、娱乐和计算机的融合。（   ）
84. 表现媒体是指将感觉媒体输入到计算机中或通过计算机展示感觉媒体所使用的物理设备。（   ）
85. 声音中的频率反映声音的音调，而振幅则反映声音的强弱。（   ）
86. 数字视频就是对数字视频信号进行数字化后的产物。（   ）
87. 对音频数字化来说，在相同条件下，量化级数越高则占的空间越小。（   ）
88. JPEG 是无损压缩，不降低图像的质量。（   ）
89. 图像数据压缩的主要目的是减少存储空间。（   ）
90. 数字化的图像不会失真。（   ）
91. 动态图像压缩编码分为帧内压缩和帧间压缩两部分。（   ）
92. 算法的五个重要的特征是确定性、可行性、输入、输出、有穷性/有限性。（   ）
93. 一个正确的算法可以有零个或者多个输入，必须有一个或者多个输出。（   ）
94. 算法的有穷性是指算法必须能在执行有限个步骤之后终止。（   ）
95. 算法复杂度主要包括时间复杂度和空间复杂度。（   ）
96. 时间复杂度是衡量算法性能的唯一标准。（   ）
97. 描述算法只能用流程图。（   ）
98. 如果数据是有序的，可以采用二分查找算法以获得更高的效率。（   ）
99. 数据结构的四种常见的逻辑结构有集合、线性结构、树形结构、图形结构。（   ）
100. 数据结构与算法的关系：数据结构是高层，算法是底层。数据结构为算法提供服务。（   ）
101. 栈中元素进出的原则为先进先出。（   ）
102. 栈和队列的存储，既可以采用顺序存储结构，又可以采用链式存储结构。（   ）
103. 队列、链表、堆栈和树都是线性数据结构。（   ）
104. 队列是一个非线性结构。（   ）
105. 链表是一种采用链式存储结构存储的线性表。（   ）
106. 采用折半查找法对有序表进行查找，总比采用顺序查找法要快。（   ）
107. 数据库系统的构成不仅是软件和硬件，还包括各类人员。（   ）
108. 一个数据库中只能包含一个数据表。（   ）
109. Access 是由微软公司发布的关系数据库管理系统。（   ）
110. 数据库就是数据表，数据表也就是数据库。（   ）
111. 数据库系统就是 DBMS。（   ）
112. 在数据库的设计过程中规范化是必不可少的。（   ）
113. 在数据表定义时设置 Primary Key 是数据库的实体完整性控制。（   ）
114. 随着物联网及人工智能时代的到来，数据库技术正在向与 AI 结合、融合 OLTP 和

OLAP 技术等方向发展。（　　）

115. 云计算一般把计算资源放到 Internet 上。（　　）
116. 云计算通常提供基础设施即服务（IaaS）、平台即服务（PaaS）、软件即服务（SaaS）三类服务。（　　）
117. 大数据五大基本特点包括容量、种类、速度、可变性、真实性。（　　）
118. 大数据处理流程主要包括数据收集、数据预处理、数据存储、数据处理与分析等环节。（　　）
119. 对于大数据而言，最基本、最重要的要求是减少错误、保证质量，因此大数据收集的信息量要非常精确。（　　）
120. 大数据处理关键技术一般包括：大数据采集、大数据预处理、大数据存储及管理、大数据分析及挖掘、大数据展现和应用。（　　）
121. 数据挖掘的目标不在于数据采集策略，而在于对已经存在的数据进行模式的发掘。（　　）
122. 数据挖掘的经典案例"啤酒和尿不湿实验"，最主要是应用了关联规则数据挖掘方法。（　　）
123. 实现人工智能目前较主流的方法是机器学习和深度学习，其中机器学习是深度学习的子类。（　　）
124. 自然语言处理，即实现用自然语言与计算机进行通信，是人工智能领域的一个重要方向。（　　）
125. 人工智能最后会演变为机器替换人类。（　　）
126. 使用计算机能播放音乐，也能观看视频，这是利用了计算机的人工智能技术。（　　）
127. 人工智能是相对独立的学科，和大数据技术没有什么关联。（　　）
128. Baidu AI 是专注于技术研发的通用人工智能企业。（　　）
129. 虚拟现实技术通过计算机仿真系统生成一种模拟环境，使用户沉浸到该环境中，但是只能模拟听觉和视觉效果。（　　）
130. 典型的虚拟现实系统主要由计算机软、硬件系统（包括 VR 软件和 VR 环境数据库）和 VR 输入、输出设备等组成。（　　）
131. 增强现实展现了完全虚拟的场景，让人拥有很强的沉浸感。（　　）
132. 区块链起源于比特币。（　　）
133. 区块链技术是一种特殊的分布式数据库，属于一种去中心化的记录技术，它就是比特币。（　　）
134. 计算机病毒是一段可自我复制的指令或者程序代码。（　　）
135. 计算机中了病毒后，操作系统必然会被破坏而发生死机。（　　）
136. 计算机病毒就像自然界中的病毒一样，也会在一定条件下自我灭亡。（　　）
137. 防范计算机病毒，只要安装了杀毒软件，就万无一失了。（　　）
138. 信息安全是国家安全的需要，是组织持续发展的需要，是保护个人隐私与财产的需要。（　　）
139. 信息安全是指信息网络中的硬件、软件受到保护，使其不被破坏和更改。（　　）
140. 信息安全主要保证信息的保密性，但不能保证信息行为人否认自己的行为。（　　）
141. 加密技术是保障信息安全的基本技术。（　　）

142. 数据加密是指把明文通过某种算法变成密文，数据解密则是指把密文恢复为明文。
( )
143. 数字签名可以保护数据在传输时不被窃取。 ( )
144. 数字签名同手写签名一样，容易被模仿和伪造。 ( )
145. 防火墙是一种重要的网络防御系统，能够抵挡来自网络的所有攻击，保证计算机的安全。 ( )
146. 防火墙一般是用来防病毒的。 ( )

第3章 文档综合题

本章的重点主要包括：字体和段落的格式设置，项目符号与编号，样式的使用，页面设置（纸张大小、纸张方向、页边距、布局、文档网格），分栏设置，页眉和页脚设置，表格与文本之间的相互转换，表格操作（框线、排序、样式、表头），书签设置，链接设置，添加题注、脚注与尾注，查找与替换，图片的操作，分节，批注与修订，等等。

3.1 典型试题

【典型试题3-1】

在素材库的"典型试题3-1"文件夹中，使用Word 2019程序打开素材文件"Word.docx"，按下面的操作要求进行操作，并把操作结果存盘。

1. 操作要求

【注意】完成后的效果图参考本题文件夹中的"Word-ref.pdf"文件，如与题目要求不符，以题目要求为准。

（1）将最后一段文字"A大学位于……"所在段落，移动到第1页"学校概况"之前，并设置与"A大学（A University），坐落于中国历史……"具有相同的段落格式。

（2）将文档中所有的英文字母设置成蓝色。

（3）设置纸张大小为"16K"，左、右页边距各为2厘米。

（4）将"办学模式"部分中的文字，即从"本科生教育"开始，到"学科建设"之前，设置分栏，要求分为2栏。

（5）表格操作。将表格中多个"人文学院"合并为一个，且将该单元格设置为"中部左对齐"。将"金融学系，财政学系"拆分成两行，分别为"金融学系"和"财政学系"。

（6）对文档插入页码，居中显示。

2. 解答

步骤1：根据操作要求（1），选中文中最后一段文字"A 大学位于……"所在段落，然后按 Ctrl+X（剪切）组合键，将光标定位于第 1 页"学校概况"之前，再按 Ctrl+V（粘贴）组合键，此时，最后一段的所有文字已经移动到第 1 页"学校概况"之前。

微课：典型试题 3-1

步骤2：选中文字"A 大学（A University），坐落于中国历史……"所在的段落，在"开始"选项卡中单击"剪贴板"组中的"格式刷"按钮，此时鼠标光标变成了刷子形状，用鼠标（刷子）拖动选择刚粘贴过来的第 1 段中的所有文字，该段文字即具有与"A 大学（A University），坐落于中国历史……"相同的段落格式。

步骤3：根据操作要求（2），在"开始"选项卡的"编辑"组中单击"替换"按钮，打开"查找和替换"对话框。在"替换"选项卡中单击"更多"按钮，展开对话框内容，然后将光标置于"查找内容"文本框中，再单击对话框底部的"特殊格式"下拉按钮，在打开的下拉列表中选择"任意字母"选项，如图 3-1 所示，此时，在"查找内容"文本框中自动填入了格式符号"^$"。

图 3-1 "特殊格式"下拉列表

步骤4：将光标置于"替换为"文本框中，然后单击对话框底部的"格式"下拉按钮，在打开的下拉列表中选择"字体"选项，打开"替换字体"对话框，选择"字体颜色"为"蓝色"，如图 3-2 所示，单击"确定"按钮，返回"查找和替换"对话框。

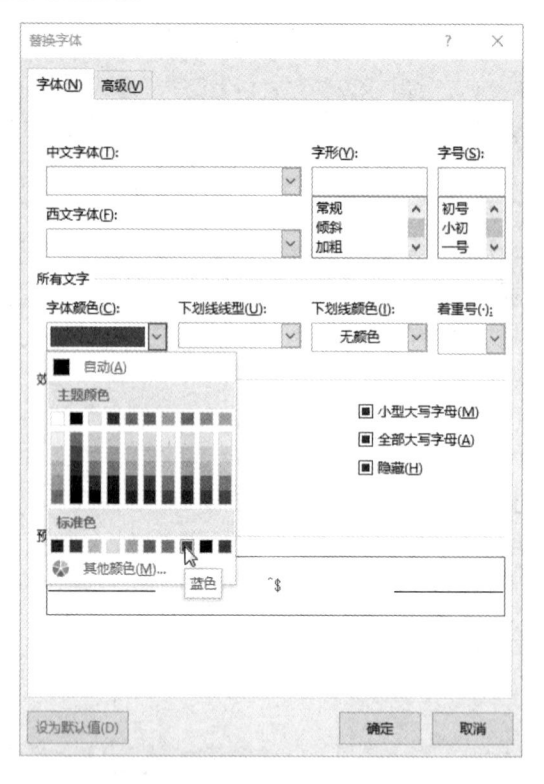

图 3-2 "替换字体"对话框

步骤 5：此时，"查找和替换"对话框中的内容如图 3-3 所示，单击"全部替换"按钮后，文中所有的英文字母均变为蓝色；再单击"关闭"按钮，关闭"查找和替换"对话框。

图 3-3 "查找和替换"对话框

步骤 6：根据操作要求（3），在"布局"选项卡中，单击"页面设置"组中的"纸张大小"下拉按钮，在打开的下拉列表中选择"16K（19.69 厘米×27.31 厘米）"纸张。

步骤 7：单击"页边距"下拉按钮，在打开的下拉列表中单击"自定义边距"选项，打开"页面设置"对话框，在"页边距"选项卡中，设置左、右页边距均为 2 厘米，如图 3-4 所示，单击"确定"按钮。

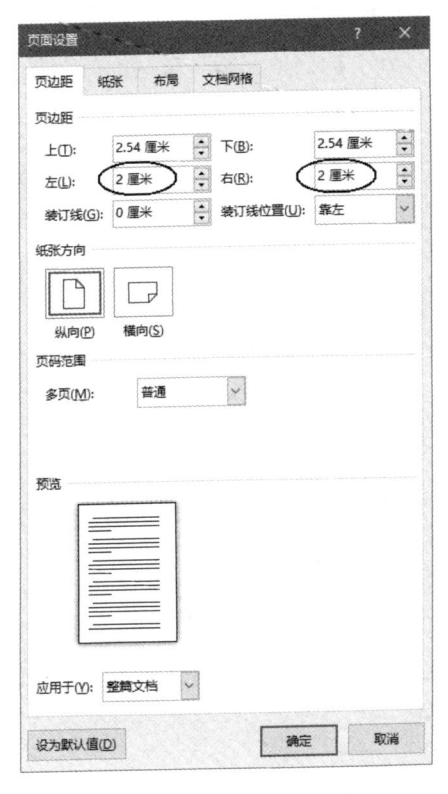

图 3-4 "页面设置"对话框

步骤 8：根据操作要求（4），在第 2 页中，选中从"本科生教育"开始，到"学科建设"之前的所有文字，在"布局"选项卡中单击"页面设置"组中的"栏"下拉按钮，在打开的下拉列表中选择"两栏"选项，如图 3-5 所示。

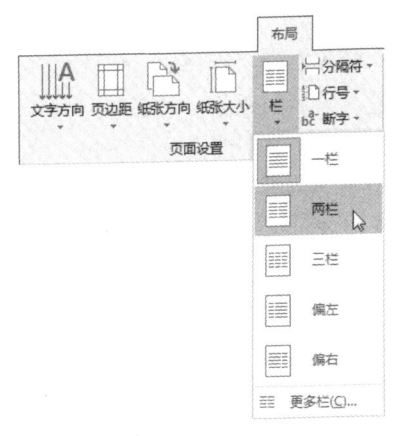

图 3-5 "栏"下拉列表

步骤9：根据操作要求（5），选中表格中"人文学院"所在的5个单元格，然后右击，在弹出的快捷菜单中选择"合并单元格"命令，然后删除合并后单元格中的4个"人文学院"，只保留1个"人文学院"。

步骤10：在"表格工具"功能区的"布局"选项卡中，单击"对齐方式"组中的"中部左对齐"按钮，如图3-6所示。

步骤11：将光标置于"金融学系，财政学系"所在单元格中，右击，在弹出的快捷菜单中选择"拆分单元格"命令，打开"拆分单元格"对话框，设置行数为2，列数为1，如图3-7所示，单击"确定"按钮。

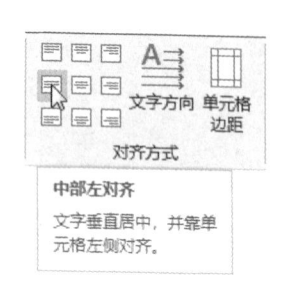

图3-6　"对齐方式"组

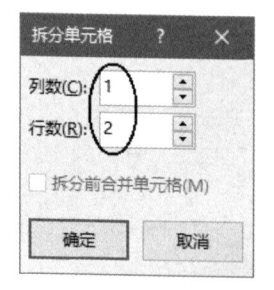

图3-7　"拆分单元格"对话框

步骤12：删除"金融学系，财政学系"单元格中的逗号后，再把其中的文字"财政学系"移动到下一行的空白单元格中。

步骤13：根据操作要求（6），在"插入"选项卡中，单击"页眉和页脚"组中的"页码"下拉按钮，在打开的下拉列表中选择"页面底端"→"普通数字2"选项。

步骤14：单击快速访问工具栏中的"保存"按钮，保存文件。

【典型试题3-2】

在素材库的"典型试题3-2"文件夹中，使用 Word 2019 程序打开素材文件"Word.docx"，按下面的操作要求进行操作，并把操作结果存盘。

1. 操作要求

【注意】完成后的效果图参考本题文件夹中的"Word-ref.pdf"文件，如与题目要求不符，以题目要求为准。

（1）在第一行前插入一行，输入文字"西溪国家湿地公园"（不包括引号），设置字号为24磅、加粗、居中、无首行缩进，段后间距为1行。

（2）对"景区简介"下的第一个段落，设置首字下沉。

（3）"历史文化"中间段落存在手动换行符，替换成段落标记。

（4）使用自动编号：

① 对"景区简介""历史文化""三堤五景""必游景点"设置编号，编号格式为"一、""二、""三、""四、"。

② 对五景中的"秋芦飞雪"和必游景点中的"洪园"重新编号，使其从1开始，后面的各编号应能随之改变。

（5）表格操作。将"中文名：西溪国家湿地公园"所在行开始的4行内容转换成一个4行

2 列的表格，并设置无标题行，套用表格样式为"清单表 4-着色 1"。

（6）为文档末尾的图加上题注，标题内容为"中国湿地博物馆"。

2. 解答

步骤 1：根据操作要求（1），将光标置于第 1 行的行首，然后按 Enter 键，插入一空白行，在空白行中输入文字"西溪国家湿地公园"。再选中刚输入的这些文字，在"开始"选项卡中的"字体"组中，在"字号"下拉列表中选择 24 磅，再单击"加粗"按钮 **B**，在"段落"组中，单击"居中"按钮。

步骤 2：单击"开始"选项卡中"段落"组右下角的"段落"扩展按钮，打开"段落"对话框，在"特殊格式"下拉列表中选择"无"选项，再设置段后间距为 1 行，如图 3-8 所示，单击"确定"按钮。

步骤 3：根据操作要求（2），先选中"景区简介"下的第一个段落中的所有文字，在"插入"选项卡中单击"文本"组中的"首字下沉"下拉按钮，在打开的下拉列表中选择"下沉"选项，如图 3-9 所示。

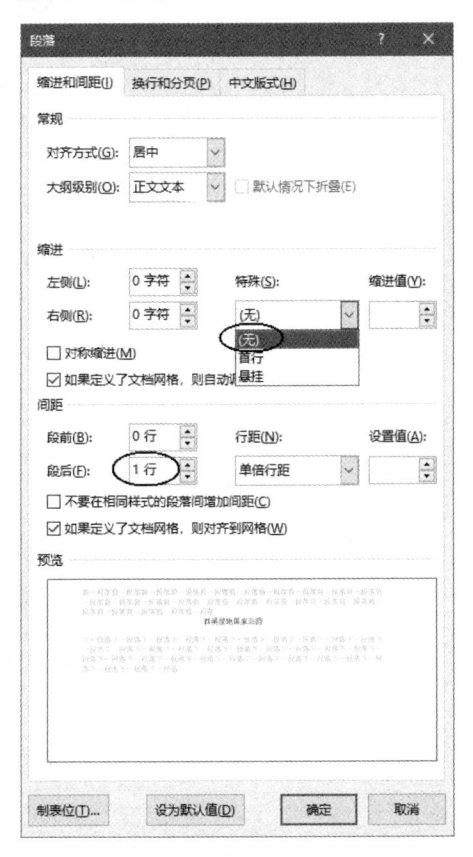

图 3-8 "段落"对话框　　　　　　图 3-9 "首字下沉"下拉列表

步骤 4：根据操作要求（3），选择"历史文化"和"三堤五景"之间的两个段落，在"开始"选项卡中，单击"编辑"组中的"替换"按钮，打开"查找和替换"对话框。在"替换"选项卡中，单击"更多"按钮，展开对话框内容，然后将光标置于"查找内容"文本框中；再单击对话框底部的"特殊格式"下拉按钮，在打开的下拉列表中选择"手动换行符"选项，此时，在"查找内容"文本框中自动填入了格式符号"^l"。

步骤 5：将光标置于"替换为"文本框中，然后单击对话框底部的"特殊格式"下拉按钮，在打开的下拉列表中选择"段落标记"选项，此时，在"替换为"文本框中自动填入了格式符号"^p"，如图 3-10 所示。单击"全部替换"按钮，此时"历史文化"和"三堤五景"之间的两个段落中的所有手动换行符（软回车）"↓"替换成了段落标记（硬回车）"↵"，单击"否"按钮，再单击"关闭"按钮，关闭"查找和替换"对话框。

步骤 6：根据操作要求（4）中的①，选中文字"景区简介"后，在"开始"选项卡中，单击"段落"组中的"编号"下拉按钮 ≡ ▾，在打开的下拉列表中选择编号格式为"一、""二、""三、"的选项，如图 3-11 所示，此时，文字"景区简介"前自动加上了编号"一、"。

图 3-10 "查找和替换"对话框　　　　图 3-11 "编号"下拉列表

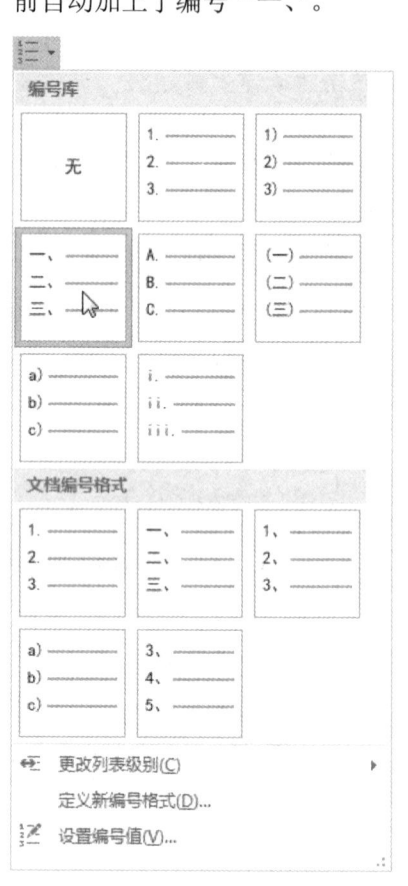

步骤 7：使用相同的方法，分别对文字"历史文化""三堤五景""必游景点"设置编号格式为"一、""二、""三、"的编号。

【说明】另一种快速设置编号的方法是：使用"格式刷"功能把文字"景区简介"的编号格式分别复制到文字"历史文化""三堤五景""必游景点"中。

步骤 8：根据操作要求（4）中的②，选中"其中五景是指："下一行的文字"秋芦飞雪"，右击，在弹出的快捷菜单中选择"重新开始于 1"命令，其后的编号也将重新编号。

步骤 9：使用相同的方法，选中"四、必游景点"下一行的文字"洪园"，右击，在弹出的快捷菜单中选择"重新开始于 1"命令。

步骤 10：根据操作要求（5），选中第 1 页中"中文名：西溪国家湿地公园"所在行开始的 4 行内容，在"插入"选项卡中，单击"表格"组中的"表格"下拉按钮，在打开的下拉列表中单击"文本转换成表格"选项，如图 3-12 所示。

图 3-12 "表格"下拉列表

步骤 11：在打开的"将文字转换成表格"对话框中，保留默认设置（4 行 2 列，制表符）不变，如图 3-13 所示，单击"确定"按钮，此时，选中的 4 行内容变成了一张 4 行 2 列的表格。

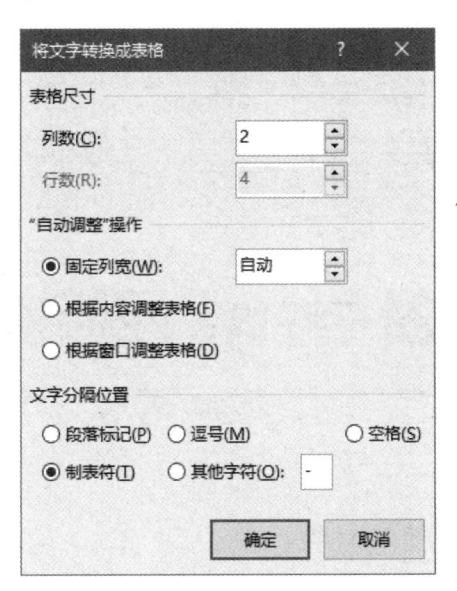

图 3-13 "将文字转换成表格"对话框

步骤 12：选中整张表格后，在"表格工具"功能区的"设计"选项卡中，在"表格样式选项"组中取消选中"标题行"复选框，然后在"表格样式"列表中选择"清单表 4-着色 1"表格样式，如图 3-14 所示。

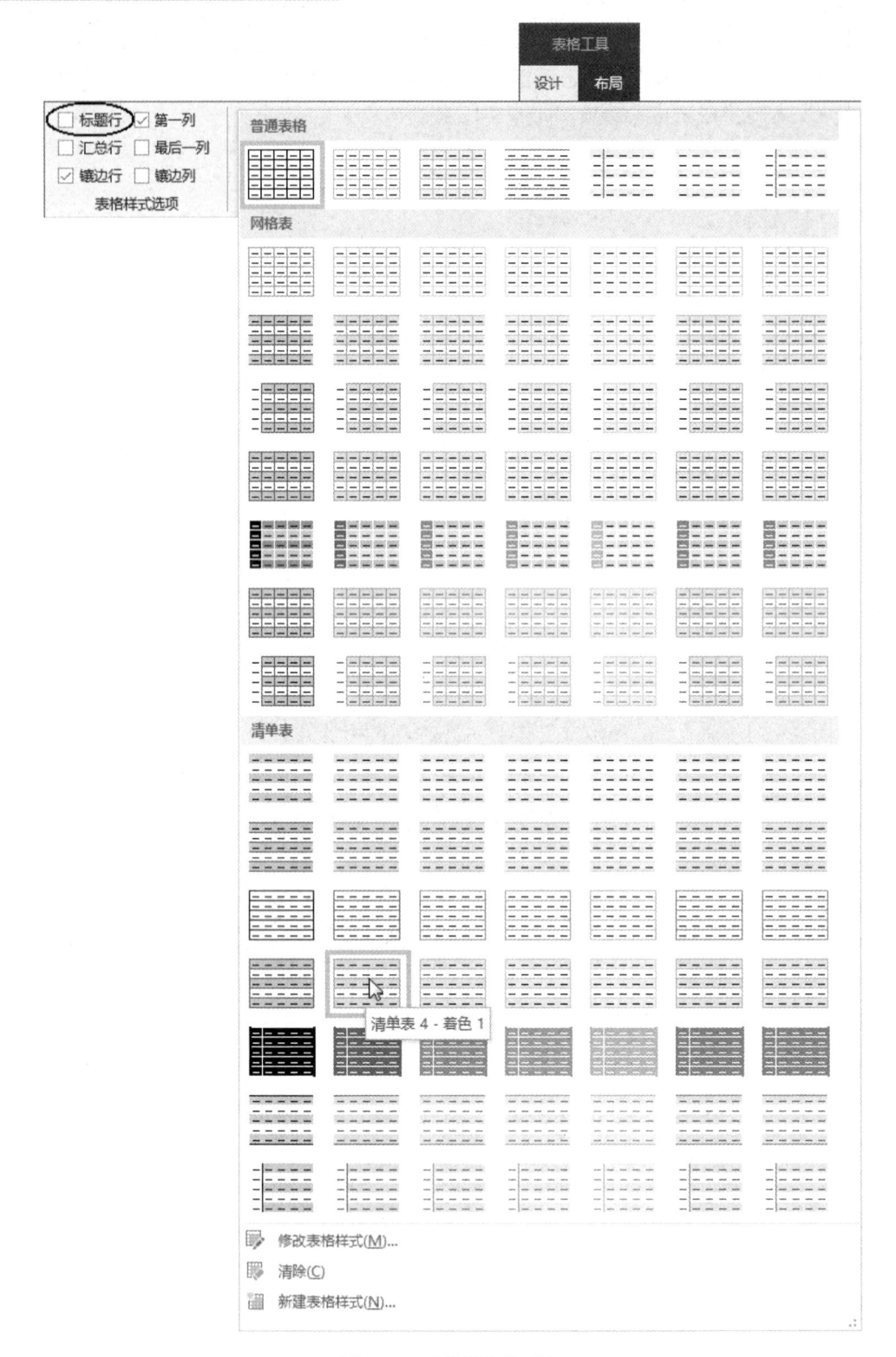

图 3-14 "设计"选项卡

步骤 13：根据操作要求（6），右击文档末尾的图片，在弹出的快捷菜单中选择"插入题注"命令,打开"题注"对话框,如图 3-15 所示。在"题注"文本框中已有标签和编号(图表 1),单击"新建标签"按钮,打开"新建标签"对话框,在"标签"文本框中输入文字"图",单击"确定"按钮,返回"题注"对话框。

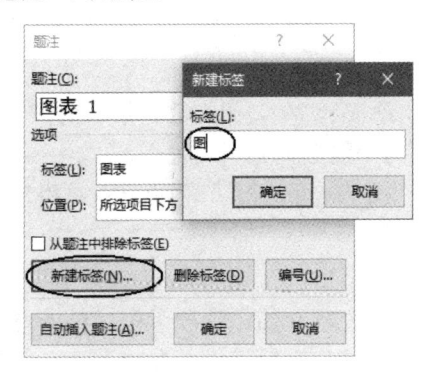

图 3-15 "题注"对话框(1)

步骤 14:此时,"题注"文本框中的内容变为"图 1",先在其后面添加一个空格,再添加文字"中国湿地博物馆",然后在"位置"下拉列表中选择"所选项目下方"选项,如图 3-16 所示,单击"确定"按钮。

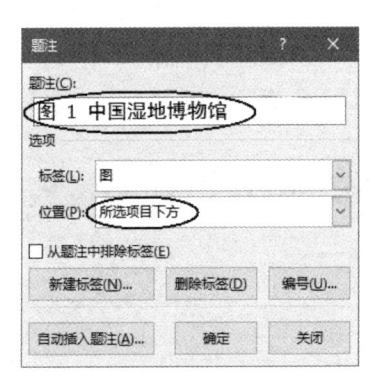

图 3-16 "题注"对话框(2)

步骤 15:单击快速访问工具栏中的"保存"按钮,保存文件。

【典型试题 3-3】

在素材库的"典型试题 3-3"文件夹中,使用 Word 2019 程序打开素材文件"Word.docx",按下面的操作要求进行操作,并把操作结果存盘。

1. 操作要求

【注意】完成后的效果图参考本题文件夹中的"Word-ref.pdf"文件,如与题目要求不符,以题目要求为准。

(1)删除文档中所有的多余空行。

(2)将首行"2012 年浙江省普通高校录取工作进程"设置文本效果为"渐变填充-预设渐变:径向渐变-个性色 2,类型:射线",并设置为"小一"字号及居中。

(3)设置页面纸张方向为横向。

(4) 对从"公布分数线、填报志愿"到表格"浙江省 2012 年文理科第三批首轮平行志愿投档分数线"之前的内容进行分栏，要求分两栏，并设置分隔线。

将"（一）""（二）"改为自动编号（即当删除前面的一个编号时，后面编号会自动改变）。

(5) 表格操作。按"文科执行计划"升序排序表格，并设置"重复标题行"。将表格外框线设置线宽为 1.5 磅。

(6) 将文档末尾的图移到"浙江省 2012 年文理科第三批首轮平行志愿投档分数线"上方，设置"锐化：50%"，图片样式为"简单框架，白色"。

(7) 为"浙江省 2012 年文理科第三批首轮平行志愿投档分数线"设置链接，链接到"http://www.zjzs.net"。

2. 解答

步骤 1：根据操作要求（1），在"开始"选项卡中，单击"编辑"组中的"替换"按钮，打开"查找和替换"对话框；在"替换"选项卡中，单击"更多"按钮，展开对话框内容，然后将光标置于"查找内容"文本框中，再单击对话框底部的"特殊格式"下拉按钮，在打开的下拉列表中选择"段落标记"选项，此时，在"查找内容"文本框中自动填入了格式符号"^p"；再次单击对话框底部的"特殊格式"下拉按钮，在打开的下拉列表中选择"段落标记"选项，此时，在"查找内容"文本框中的格式符号为"^p^p"。

微课：典型试题 3-3

步骤 2：将光标置于"替换为"文本框中，然后单击对话框底部的"特殊格式"下拉按钮，在打开的下拉列表中选择"段落标记"选项，此时，在"替换为"文本框中自动填入了格式符号"^p"，如图 3-17 所示。

图 3-17 "查找和替换"对话框

步骤 3：多次单击对话框中的"全部替换"按钮，直到弹出的提示信息为"全部完成，完成 0 处替换"，如图 3-18 所示，此时已经删除文档中所有的多余空行。单击"确定"按钮，返回"查找和替换"对话框，单击"关闭"按钮。

步骤4：根据操作要求（2），选中首行文字"2012年浙江省普通高校录取工作进程"后，在"开始"选项卡中，单击"字体"组右下角的"字体"扩展按钮，打开"字体"对话框，如图3-19所示，单击对话框底部的"文字效果"按钮。

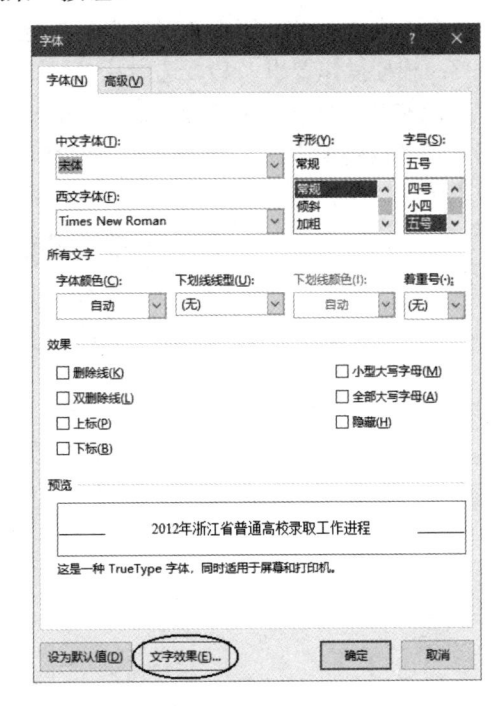

图3-18　提示信息

图3-19　"字体"对话框

步骤5：在打开的"设置文本效果格式"对话框中，展开"文本填充"选项后，选中"渐变填充"单选按钮，在"预设渐变"下拉列表中选择"径向渐变-个性色 2"选项，如图 3-20 所示，再在"类型"下拉列表中选择"射线"选项，单击"确定"按钮。

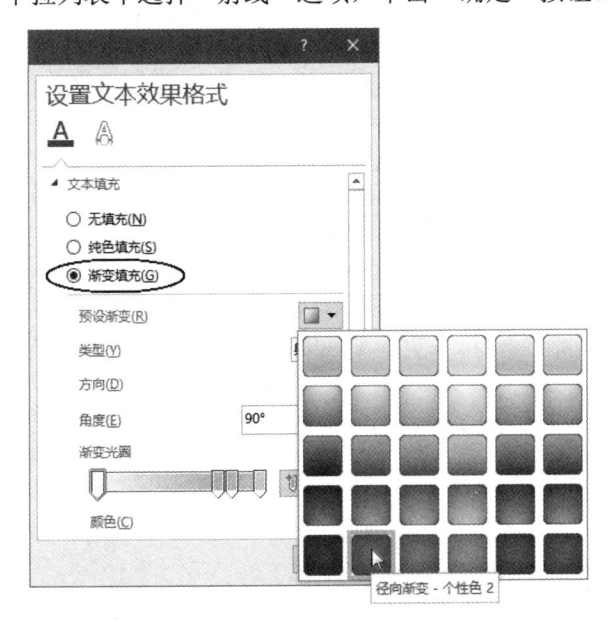

图3-20　"设置文本效果格式"对话框

步骤6：保持选中首行文字，在"字体"组中设置首行文字的字号为"小一"，在"段落"组中单击"居中"按钮 ≡。

步骤7：根据操作要求（3），在"布局"选项卡中，单击"页面设置"组中的"纸张方向"下拉按钮，在打开的下拉列表中选择"横向"选项。

步骤8：根据操作要求（4），选中从"公布分数线、填报志愿"到表格"浙江省 2012 年文理科第三批首轮平行志愿投档分数线"之前的内容，单击"页面设置"组中的"栏"下拉按钮，在打开的下拉列表中单击"更多栏"选项，打开"栏"对话框，如图 3-21 所示，在"预设"区域中选中"两栏"选项，再选中"分隔线"复选框，单击"确定"按钮。

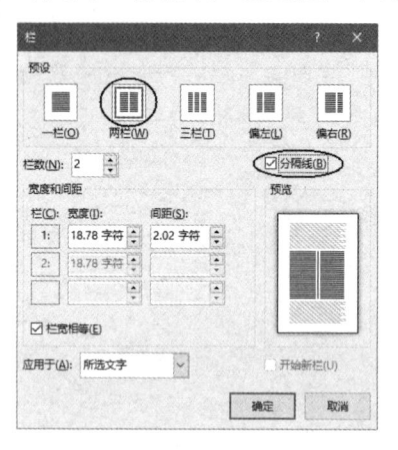

图 3-21 "栏"对话框

步骤9：选中文字"（一）文理科"，在"开始"选项卡中，单击"段落"组中的"编号"下拉按钮 ≡ ▾，在打开的下拉列表中选择编号格式为"（一）、（二）、（三）"的选项，如图 3-22 所示。

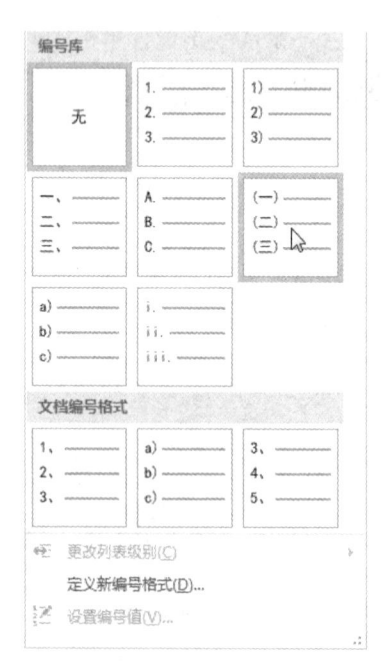

图 3-22 "编号"下拉列表

步骤10：使用相同的方法，设置文字"（二）艺术、体育类"的编号格式为"（一）、（二）、（三）"，编号后，在"编号"左侧的"自动更正选项"下拉列表中选择"继续编号"选项，并删除重复多余的第2个"（二）"文字。

步骤11：根据操作要求（5），将光标置于表格的某一单元格中，在"表格工具"功能区的"布局"选项卡中，单击"数据"组中的"排序"按钮，打开"排序"对话框，如图3-23所示，选择主要关键字为"文科执行计划"，并选中"升序"单选按钮，单击"确定"按钮。

步骤12：将光标置于表格第一行（标题行）的某一单元格中，单击"数据"组中的"重复标题行"按钮，如图3-24所示，此时，下一页的表格内容前自动添加了表格标题行。

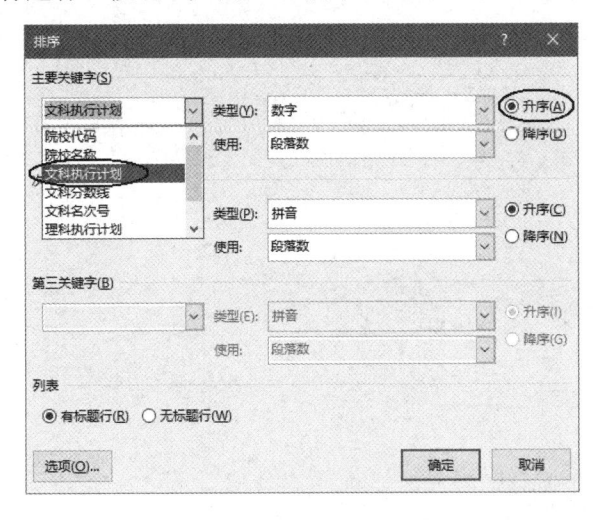

图3-23 "排序"对话框　　　　　　图3-24 "数据"组

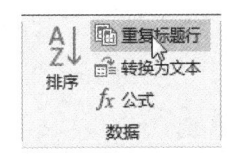

步骤13：选中整张表格后，在"表格工具"功能区"设计"选项卡的"绘图边框"组中，选择"笔画粗细"为1.5磅，再单击"表格样式"组中的"边框"下拉按钮，在打开的下拉列表中选择"外侧框线"选项，如图3-25所示，此时表格外侧框线的线宽已经设置为1.5磅。

图3-25 "边框"下拉列表

步骤 14：根据操作要求（6），将光标置于"浙江省 2012 年文理科第三批首轮平行志愿投档分数线"所在行的行首，然后按 Enter 键，则在该行的上方插入了一空白行。

步骤 15：选中文档末尾的图片后，按 Ctrl＋X 组合键，然后将光标置于"浙江省 2012 年文理科第三批首轮平行志愿投档分数线"上方的空白行中，再按 Ctrl＋V 组合键，此时，文档末尾的图片已经移到"浙江省 2012 年文理科第三批首轮平行志愿投档分数线"的上方。

步骤 16：右击该图片，在弹出的快捷菜单中选择"设置图片格式"命令，打开"设置图片格式"对话框，如图 3-26 所示，在"图片"选项卡中，在"预设"下拉列表中选择"锐化：50%"选项，单击"关闭"按钮。

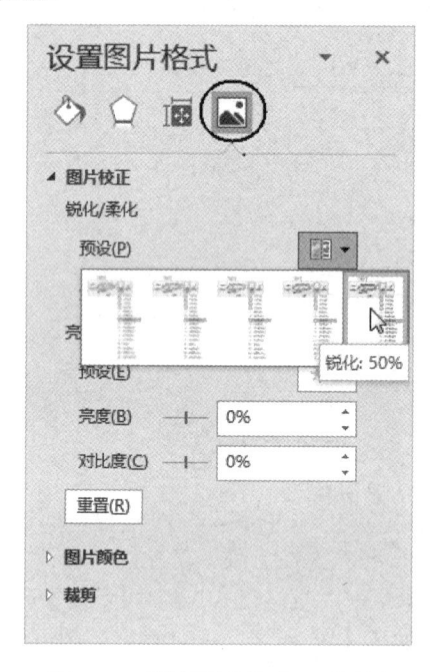

图 3-26 "设置图片格式"对话框

步骤 17：保持图片的选中状态，在"图片工具"功能区的"格式"选项卡"图片样式"组的"图片样式"列表中，选择图片样式为"简单框架，白色"，如图 3-27 所示。

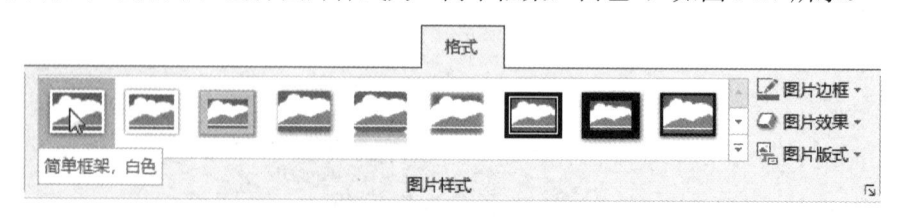

图 3-27 "图片样式"列表

步骤 18：根据操作要求（7），选中文字"浙江省 2012 年文理科第三批首轮平行志愿投档分数线"后，右击，在弹出的快捷菜单中选择"链接"命令，打开"插入超链接"对话框，如图 3-28 所示。在"链接到"区域中选择"现有文件或网页"选项，在"地址"文本框中输入"http://www.zjzs.net"，单击"确定"按钮。

步骤 19：单击快速访问工具栏中的"保存"按钮，保存文件。

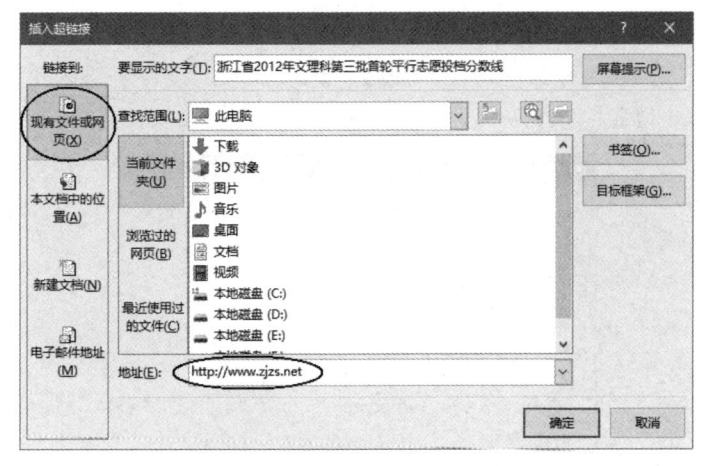

图 3-28 "插入超链接"对话框

【典型试题 3-4】

在素材库的"典型试题 3-4"文件夹中,使用 Word 2019 程序打开素材文件"Word.docx",按下面的操作要求进行操作,并把操作结果存盘。

1. 操作要求

【注意】完成后的效果图参考本题文件夹中的"Word-ref.pdf"文件,如与题目要求不符,以题目要求为准。

(1)清除首行"阿尔伯特·爱因斯坦"的"文本突出显示颜色"效果(即为无颜色,不突出显示文本)。设置字符间距缩放为 120%。

(2)表格操作。将第 1 页中的表格转换为以制表符分隔的文本。

(3)将"部分年表"中的内容转换成表格,并设置为"根据窗口调整表格"。

(4)为"部分年表"对应的表格上方添加题注,题注行内容为"表Ⅰ 二十岁前年表"(不包括引号),其中的Ⅰ使用的编号格式为"Ⅰ,Ⅱ,Ⅲ,…"(如果前面插入另一张表并添加题注,则这边的Ⅰ自动变为Ⅱ),题注居中。

(5)删除文档"主要成就"部分第二段中所有的空格。

(6)为"简介 主要成就 轶事 部分年表"所在行的各项设置链接,分别链接到其后各对应内容的标题上。

2. 解答

步骤 1:根据操作要求(1),选中首行文字"阿尔伯特·爱因斯坦"后,在"开始"选项卡中,单击"字体"组中的"文本突出显示颜色"下拉按钮,在打开的下拉列表中单击"无颜色"选项,如图 3-29 所示。

微课:典型试题 3-4

图 3-29 "文本突出显示颜色"下拉列表

步骤 2：再次选中首行文字"阿尔伯特·爱因斯坦"，单击"字体"组右下角的"字体"扩展按钮，打开"字体"对话框，在"高级"选项卡中，设置字符间距缩放为 120%，如图 3-30 所示，单击"确定"按钮。

图 3-30 "字体"对话框

步骤 3：根据操作要求（2），选中第 1 页中的整张表格，在"表格工具"功能区的"布局"选项卡中，单击"数据"组中的"转换为文本"按钮，如图 3-31 所示，打开"表格转换成文本"对话框，选中"制表符"单选按钮，如图 3-32 所示，单击"确定"按钮。

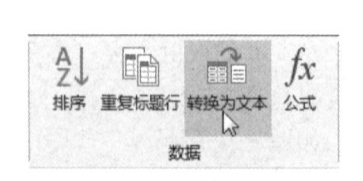

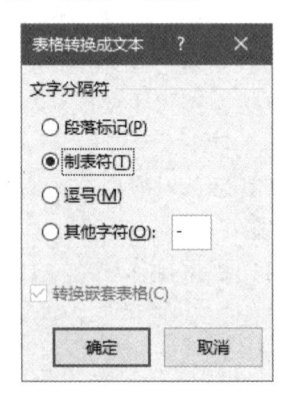

图 3-31 "数据"组   图 3-32 "表格转换成文本"对话框

步骤 4：根据操作要求（3），选中第 2 页中"部分年表"下面的所有文本内容，在"插入"选项卡中，单击"表格"组中的"表格"下拉按钮，在打开的下拉列表中选择"文本转换成表格"选项，打开"将文字转换成表格"对话框，如图 3-33 所示，选中"根据窗口调整表格"单选按钮，单击"确定"按钮。

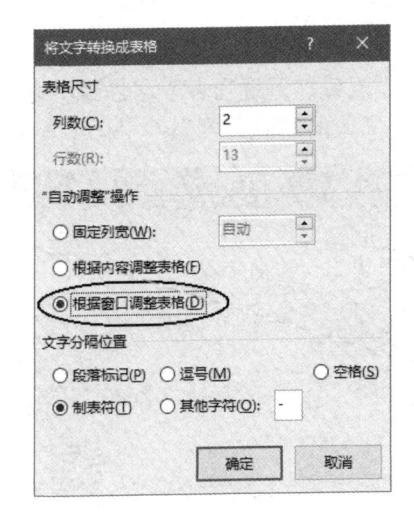

图 3-33 "将文字转换成表格"对话框

步骤 5：根据操作要求（4），选中整张表格后，右击，在弹出的快捷菜单中选择"插入题注"命令，打开"题注"对话框，如图 3-34 所示。单击"新建标签"按钮，打开"新建标签"对话框，在"标签"文本框中输入文字"表"，单击"确定"按钮，返回"题注"对话框。

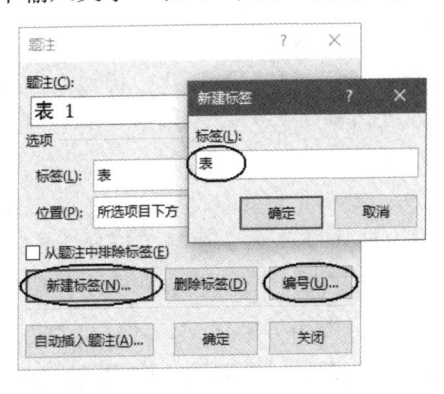

图 3-34 "题注"对话框（1）

步骤 6：单击"编号"按钮，打开"题注编号"对话框，如图 3-35 所示，在"格式"下拉列表中选择"Ⅰ,Ⅱ,Ⅲ,…"选项，单击"确定"按钮，返回"题注"对话框。

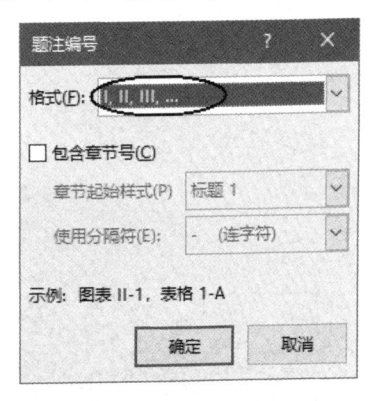

图 3-35 "题注编号"对话框

步骤 7：此时，"题注"文本框中的内容为"表 I"，先在其后面添加一个空格，再添加文字"二十岁前年表"，然后在"位置"下拉列表中选择"所选项目上方"选项，如图3-36所示，单击"确定"按钮，最后把插入的题注设置为水平居中。

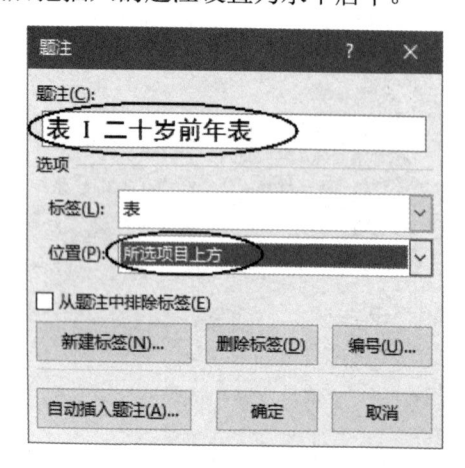

图3-36 "题注"对话框（2）

步骤 8：根据操作要求（5），先选中"主要成就"部分第二段落中的所有内容，然后在"开始"选项卡中，单击"编辑"组中的"替换"按钮，打开"查找和替换"对话框，在"替换"选项卡中，在"查找内容"文本框中输入一空格，在"替换为"文本框中不输入任何内容，单击"全部替换"按钮。此时"主要成就"部分第二段落中的所有空格被删除，单击"关闭"按钮，关闭"查找和替换"对话框。

步骤 9：根据操作要求（6），选中第1页中"简介　主要成就　轶事　部分年表"所在行中的文字"简介"，右击，在弹出的快捷菜单中选择"链接"命令，打开"插入超链接"对话框，如图 3-37 所示，在"链接到"区域中选择"本文档中的位置"选项，在"请选择文档中的位置"区域中选择"简介"选项，单击"确定"按钮。

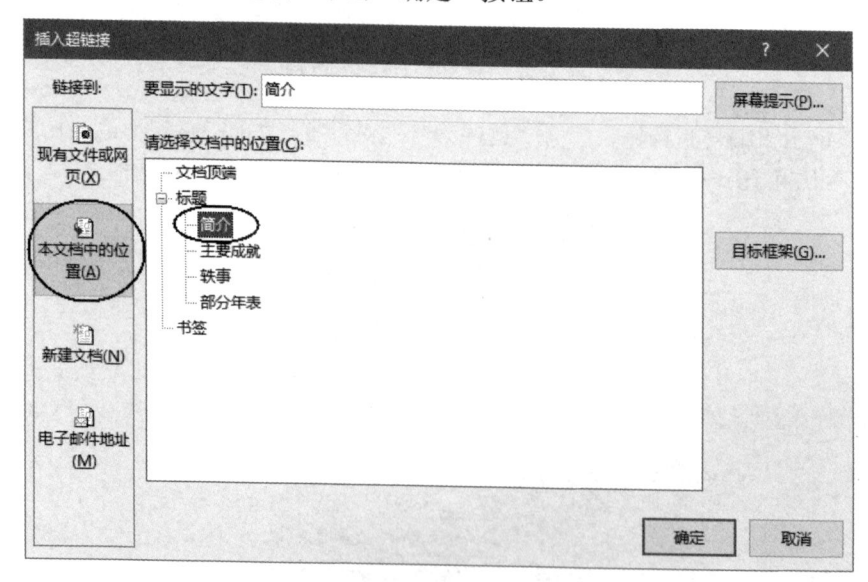

图3-37 "插入超链接"对话框

步骤 10：使用相同的方法，分别把本行中的文字"主要成就""轶事""部分年表"超链接到其后各对应内容的标题上。

步骤 11：单击快速访问工具栏中的"保存"按钮，保存文件。

【典型试题 3-5】

在素材库的"典型试题 3-5"文件夹中，使用 Word 2019 程序打开素材文件"Word.docx"，按下面的操作要求进行操作，并把操作结果存盘。

1. 操作要求

【注意】完成后的效果图参考本题文件夹中的"Word-ref.pdf"文件，如与题目要求不符，以题目要求为准。

（1）将文档中所有的数字加粗，设置颜色为蓝色。

（2）将首行"杭州国际马拉松赛"设置为"标题 1"样式并居中。将"杭州国际马拉松赛，是……"所在段落简体字转换为繁体字。将"目录"下的两行文字"赛事简介"和"赛事规则"设置为中文版式中的"双行合一"，自行调整字体后，置于"目录"右侧。

（3）对所有的"一、""二、""三、"……改为编号列表（即当删除前面的一个编号后，后面编号自动改变）。

（4）表格操作。

① 对文档中的表格左上角"名次"所在单元格，添加左上右下斜线，斜线以上为"名次"，斜线以下为"性别"。

② 对其右边"一、二、三、四、五、六、七、八"所在的八个单元格，设置文字在单元格内垂直、水平方向上都居中。

（5）为第 1 页上的图设置"金属椭圆"的图片样式。

2. 解答

步骤 1：根据操作要求（1），在"开始"选项卡中，单击"编辑"组中的"替换"按钮，打开"查找和替换"对话框；在"替换"选项卡中，单击"更多"按钮，展开对话框内容，然后将光标置于"查找内容"文本框中，再单击对话框底部的"特殊格式"下拉按钮，在打开的下拉列表中选择"任意数字"选项，此时，在"查找内容"文本框中自动填入了格式符号"^#"。

微课：典型试题 3-5

步骤 2：将光标置于"替换为"文本框中，然后单击对话框底部的"格式"下拉按钮，在打开的下拉列表中选择"字体"选项，打开"替换字体"对话框，选择"字体颜色"为"蓝色"，在"字形"列表框中选择"加粗"选项，如图 3-38 所示，单击"确定"按钮，返回"查找和替换"对话框。

步骤 3：此时，"查找和替换"对话框的内容如图 3-39 所示，单击"全部替换"按钮，再单击"关闭"按钮，此时文档中所有数字的格式已经改为"加粗，蓝色"。

步骤 4：根据操作要求（2），选中首行文字"杭州国际马拉松赛"后，在"开始"选项卡的"样式"组的"样式"列表中选择"标题 1"样式，再单击"段落"组中的"居中"按钮。

步骤 5：选中"杭州国际马拉松赛，是……"所在段落，在"审阅"选项卡中，单击"中文简繁转换"组中的"简转繁"按钮，此时该段落中的简体字已经转换为繁体字。

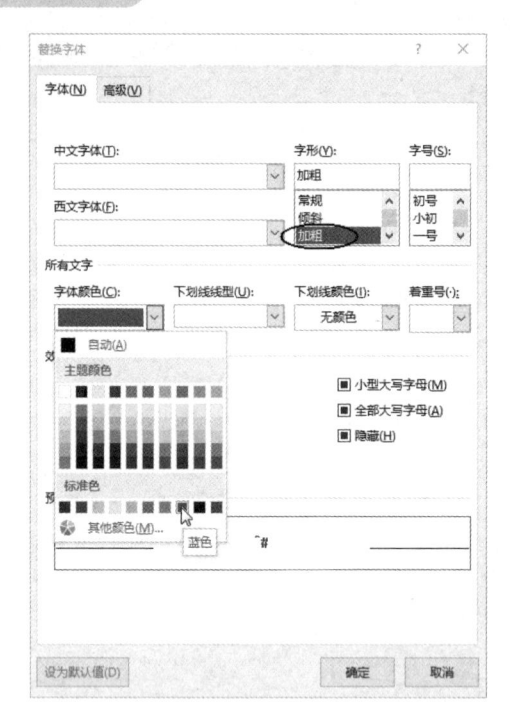

图 3-38 "替换字体"对话框

图 3-39 "查找和替换"对话框

步骤 6：先删除"目录"和"赛事简介"右侧的段落标记，使得"目录"、"赛事简介"和"赛事规则"位于同一行中。再选中文字"赛事简介赛事规则"，然后在"开始"选项卡中，单击"段落"组中的"中文版式"下拉按钮，在打开的下拉列表中选择"双行合一"选项（如图 3-40 所示），打开"双行合一"对话框，如图 3-41 所示，单击"确定"按钮。

图 3-40 "中文版式"下拉列表　　　　　图 3-41 "双行合一"对话框

步骤 7：选中已经"双行合一"的文字"赛事简介赛事规则"，在"字体"组中设置其字号为"三号"，使其文字高度与"目录"相近。

步骤 8：根据操作要求（3），选中文字"一、举办单位"后，在"开始"选项卡中，单击"段落"组中的"编号"下拉按钮，在打开的下拉列表中选择编号格式为"一、二、三、"的选项，如图 3-42 所示。此时，文字"举办单位"前的"一、"已经改为自动编号。

步骤 9：使用"格式刷"功能，把文字"一、举办单位"的编号格式分别复制到其后的"二、""三、""四、"、…、"十一、"所在的行中。最后删除重复多余的非自动编号文字"二、""三、""四、"、…、"十一、"。

步骤 10：根据操作要求（4）中的①，将光标置于第 2 页表格左上角"名次"所在的单元格中，在"表格工具"功能区的"设计"选项卡中，单击"表格样式"组中的"边框"下拉按钮，在打开的下拉列表中选择"斜下框线"选项，如图 3-43 所示，此时"名次"单元格的左上角和右下角之间添加了一条斜线。

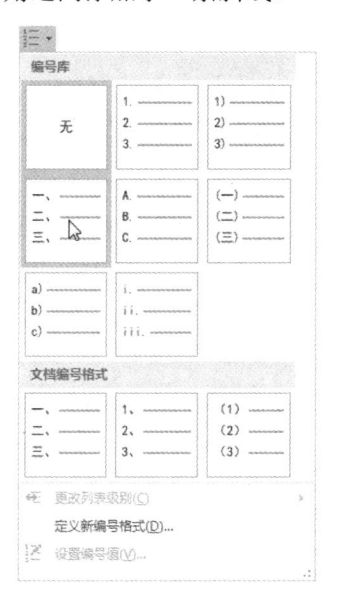

图 3-42 "编号"下拉列表　　　　　图 3-43 "边框"下拉列表

步骤 11：在"名次"单元格中，将光标置于文字"名次"的右侧，在"开始"选项卡中，单击"段落"组中的"文本右对齐"按钮，使文字"名次"在单元格中右对齐。然后按 Enter 键，从而在文字"名次"下方插入一空行（该空行位于"名次"单元格中），在该空行中输入文字"性别"，然后单击"段落"组中的"文本左对齐"按钮，使文字"性别"在单元格中左对齐（文字"名次"仍然右对齐）。

步骤 12：根据操作要求（4）中的②，选中表格中"一、二、三、四、五、六、七、八"所在的八个单元格，在"表格工具"功能区的"布局"选项卡中，单击"对齐方式"组中的"水平居中"按钮，如图 3-44 所示，使得这八个单元格中的文字在单元格内水平和垂直都居中。

步骤 13：根据操作要求（5），选中第 1 页中的图片，在"图片工具"功能区的"格式"选项卡中，单击"图片样式"组中的"其他"按钮，在展开的图片样式列表中选择"金属椭圆"图片样式，如图 3-45 所示。

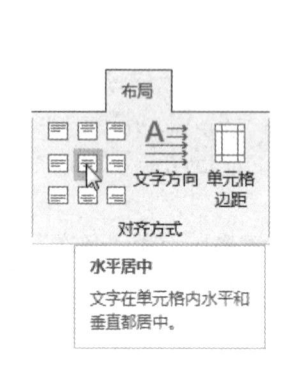

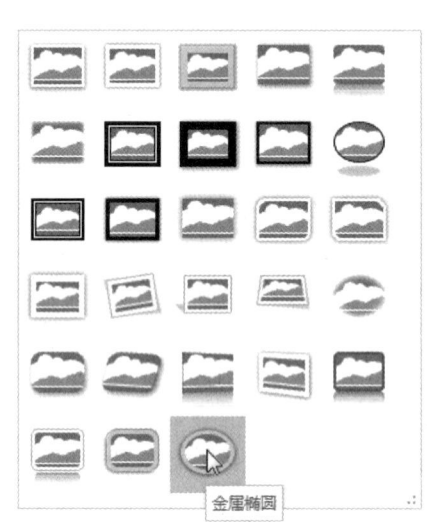

图 3-44　对齐方式　　　　　　　　　图 3-45　图片样式列表

步骤 14：单击快速访问工具栏中的"保存"按钮，保存文件。

【典型试题 3-6】

在素材库的"典型试题 3-6"文件夹中，使用 Word 2019 程序打开素材文件"Word.docx"，按下面的操作要求进行操作，并把操作结果存盘。

1. 操作要求

【注意】完成后的效果图参考本题文件夹中的"Word-ref.pdf"文件，如与题目要求不符，以题目要求为准。

（1）在第一行前插入一行，输入文字"蛇"（不包括引号）并居中，字体设置为黑体、三号。

（2）对文章中所有的"蛇"字（不包括图题注）加粗显示。

（3）使用多级符号对已有的章名、小节名进行自动编号。即对"第 1 章　蛇""1.1　概述""1.2　形态结构""第 2 章　蛇的种类及习性""2.1　种类""2.2　习性"进行自动编号。要求：

① 章号的自动编号格式为：第 X 章（如第 1 章），其中：X 为自动排序，阿拉伯数字序号。将级别链接到样式"标题 1"。编号对齐方式为居中。

② 小节名自动编号格式为：X.Y，X 为章数字序号，Y 为节数字序号（例：1.1），X、Y 均为阿拉伯数字序号。将级别链接到样式"标题 2"。编号对齐方式为左对齐。

（4）对"第 1 章 蛇"起所有内容（不包括章名、小节名）使用首行缩进 2 字符，字号为小四。

（5）表格操作。将"中文学名：蛇（Snake） 门：脊索动物"所在行开始的 5 行内容转换成一个 4 列的表格，并要求"根据内容调整表格"。将整个表格的外框设置成红色。

（6）将"蛇的身体器官"对应的图放到"蛇之所以能爬行，是由于它有特殊的运动方式…"所在段落的右侧，设置环绕方式为"四周型环绕"，并去掉边框线。（提示：与"图 1"的显示方式相同）

2．解答

步骤 1：根据操作要求（1），将光标置于第 1 页首行的行首，按 Enter 键，从而在前面插入一空行，在该空行中输入文字"蛇"，然后选中该文字，在"字体"组中设置其字体为"黑体"，字号为"三号"，再单击"段落"组中的"居中"按钮，取消选中"蛇"字。

步骤 2：根据操作要求（2），在"开始"选项卡中，单击"编辑"组中的"替换"按钮，打开"查找和替换"对话框，在"替换"选项卡中，单击"更多"按钮，展开对话框内容，在"查找内容"文本框中输入文字"蛇"。

微课：典型试题 3-6

步骤 3：将光标置于"替换为"文本框中，然后单击对话框底部的"格式"下拉按钮，在打开的下拉列表中选择"字体"选项，打开"替换字体"对话框，在"字形"列表框中选择"加粗"选项，如图 3-46 所示，单击"确定"按钮，返回"查找和替换"对话框。

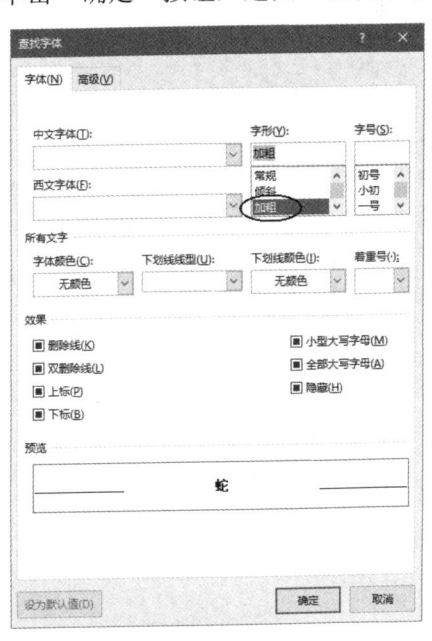

图 3-46 "替换字体"对话框

步骤 4：此时，"查找和替换"对话框的内容如图 3-47 所示，单击"全部替换"按钮，再单击"关闭"按钮，此时文档中所有"蛇"字（包括图题注）已经改为加粗显示，取消图题注中的"蛇"字的加粗显示（有 2 处）。

图 3-47 "查找和替换"对话框

步骤 5：根据操作要求（3），将光标置于"第 1 章 蛇"所在的行中，在"开始"选项卡中，单击"段落"组中的"多级列表"下拉按钮，在打开的下拉列表中选择"定义新的多级列表"选项，如图 3-48 所示。

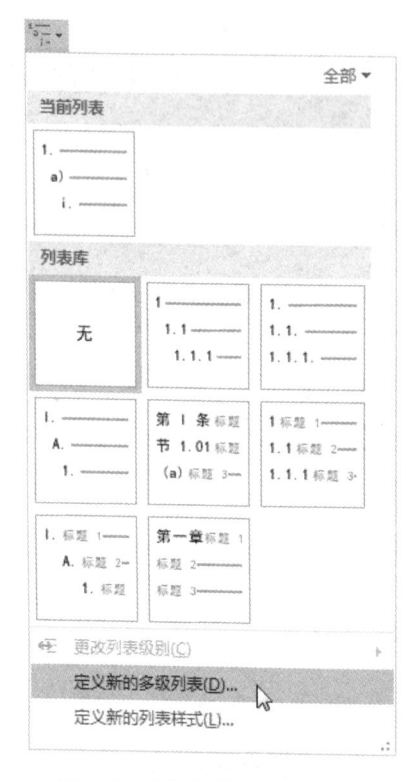

图 3-48 "多级列表"下拉列表

步骤 6：在打开的"定义新多级列表"对话框中，单击该对话框左下角的"更多"按钮，展开对话框内容，在"单击要修改的级别"列表框中选择"1"选项，在"输入编号的格式"文本框中，在"1"的左、右两侧分别输入文字"第"和"章"，构成"第1章"的形式，在对话框右侧的"将级别链接到样式"下拉列表中选择"标题1"样式，在对话框底部的"编号对齐方式"下拉列表中选择"居中"对齐方式，如图3-49所示。

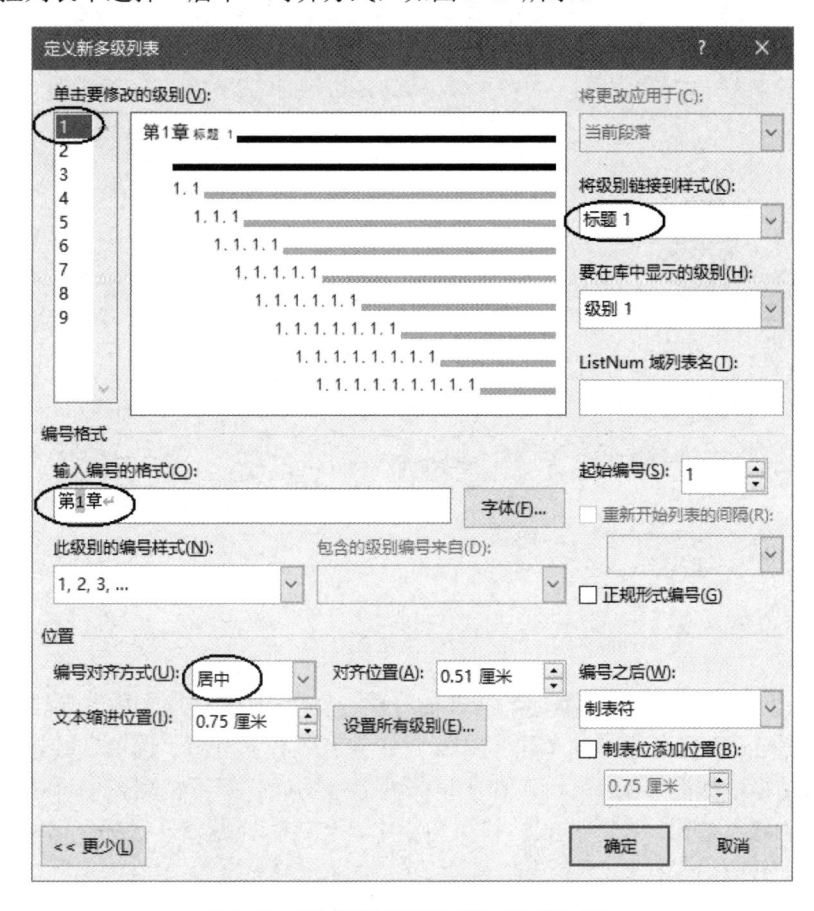

图3-49 "定义新多级列表"对话框（1）

步骤7：在"定义新多级列表"对话框中，在"单击要修改的级别"列表框中选择"2"选项，此时"输入编号的格式"文本框中的内容为"1.1"的形式，已符合题目要求，在对话框右侧的"将级别链接到样式"下拉列表中选择"标题2"样式，在对话框底部的"编号对齐方式"下拉列表中选择"左对齐"对齐方式，设置"对齐位置"为0厘米，"文本缩进位置"为1厘米，如图3-50所示。

步骤8：单击"确定"按钮，此时"第1章"已经自动编号，并应用了样式"标题1"，再单击"段落"组中的"居中"按钮≡，使该行文字水平居中，在"第1章"和"蛇"之间插入一空格。

步骤9：使用"格式刷"功能，把"第1章 蛇"所在行的格式复制到其后的"第2章 蛇的种类及习性"所在的行中，并删除重复多余的非自动编号文字"第2章"（不要删除"章"后面的空格）。

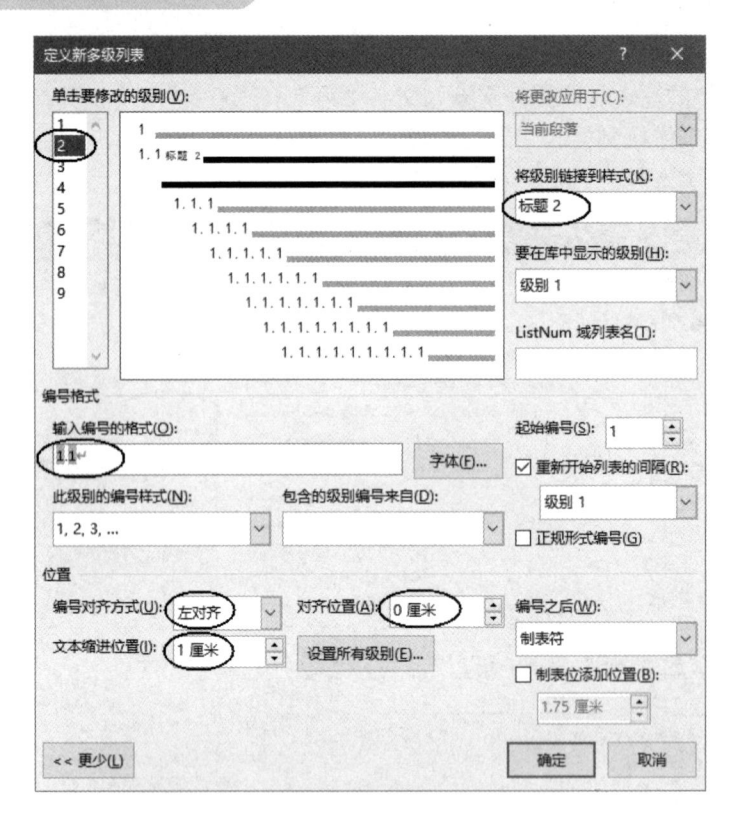

图 3-50 "定义新多级列表"对话框（2）

步骤 10：将光标置于"1.1 概述"所在的行中，在"开始"选项卡中，单击"样式"扩展按钮，打开"样式"任务窗格，单击"样式"任务窗格右下角的"选项"链接，打开"样式窗格选项"对话框，如图 3-51 所示，在"选择要显示的样式"下拉列表中选择"所有样式"选项，单击"确定"按钮。在"样式"任务窗格中，单击"标题 2"样式，此时"1.1 概述"已经自动编号，并应用了样式"标题 2"。

图 3-51 "样式窗格选项"对话框

步骤 11：使用"格式刷"功能，把"1.1 概述"所在行的格式分别复制到其后的"1.2 形态结构""2.1 种类""2.2 习性"所在的行中，并删除重复多余的非自动编号文字"1.2""2.1""2.2"（包括其中的空格）。

步骤 12：根据操作要求（4），选中"1.1 概述"下面的 2 个段落，在"字体"组中设置字体为"小四"，单击"段落"组右下角的"段落"扩展按钮，打开"段落"对话框，在"特殊"下拉列表中选择"首行"选项，设置"缩进值"为 2 字符，如图 3-52 所示，单击"确定"按钮。

步骤 13：使用相同的方法，对后面的所有正文段落（不包括章名、小节名）设置格式为"首行缩进 2 字符，字号为小四"。注意，这里不能使用格式刷功能来复制段落格式。

步骤 14：根据操作要求（5），选中第 1 页中"中文学名：蛇（Snake） 门：脊索动物"所在行开始的 5 行内容，在"插入"选项卡中，单击"表格"组中的"表格"下拉按钮，在打开的下拉列表中选择"文本转换成表格"选项，打开"将文字转换成表格"对话框，如图 3-53 所示，选中"根据内容调整表格"单选按钮，单击"确定"按钮。

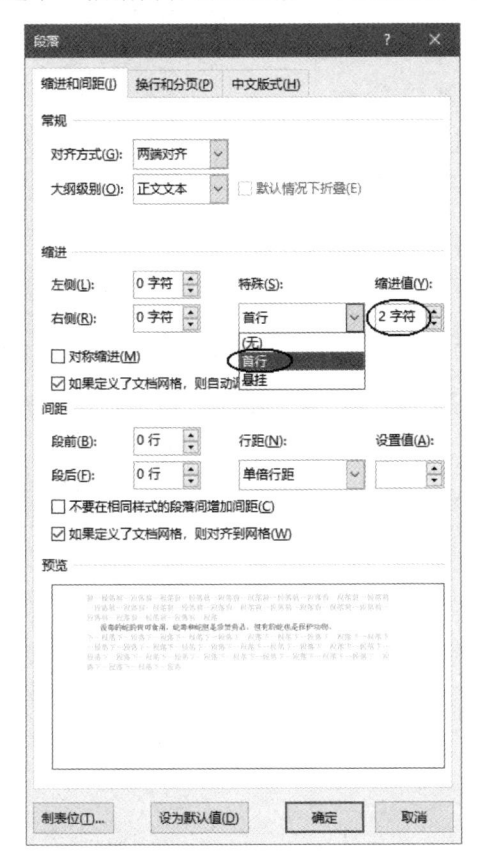

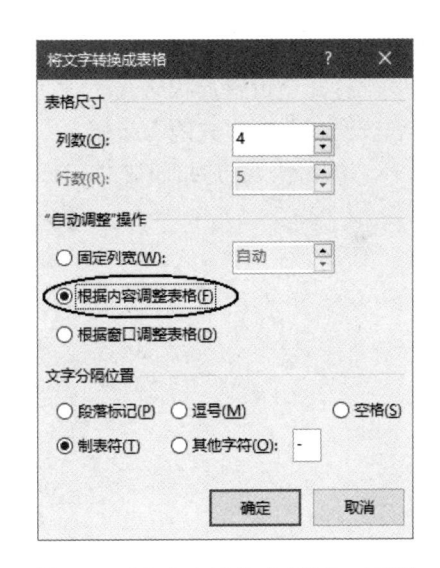

图 3-52 "段落"对话框　　　　图 3-53 "将文字转换成表格"对话框

步骤 15：选中整张表格后，在"表格工具"功能区"设计"选项卡的"绘图边框"组中，选择"笔颜色"为红色，再单击"表格样式"组中的"边框"下拉按钮，在打开的下拉列表中选择"外侧框线"选项，此时表格的外框线被删除，再次单击"边框"下拉按钮，在打开的下拉列表中选择"外侧框线"选项，此时表格的外框线显示为红色。

步骤 16：根据操作要求（6），选中"蛇的身体器官"图片所在的文本框（单击图片周围的框线),拖动该文本框到第 2 页"蛇之所以能爬行,是由于它有特殊的运动方式…"所在段落的右侧,然后右击该文本框的框线,在弹出的快捷菜单中选择"其他布局选项"命令,打开"布局"对话框,在"文字环绕"选项卡中,选中"四周型"环绕方式,如图 3-54 所示,单击"确定"按钮。

图 3-54 "布局"对话框

步骤 17:选中该文本框后,右击该文本框的框线,在弹出的快捷菜单中选择"设置形状格式"命令,打开"设置形状格式"对话框,如图 3-55 所示,在"形状选项"中,选中"无线条"单选按钮,单击"关闭"按钮。

步骤 18:单击快速访问工具栏中的"保存"按钮,保存文件。

图 3-55 "设置形状格式"对话框

【典型试题 3-7】

在素材库的"典型试题 3-7"文件夹中,使用 Word 2019 程序打开素材文件"Word.docx",按下面的操作要求进行操作,并把操作结果存盘。

1. 操作要求

【注意】 完成后的效果图参考本题文件夹中的"Word-ref.pdf"文件,如与题目要求不符,以题目要求为准。

(1)将第 1 行"杭州西湖"设置为"标题"样式,并设置字体为隶书,字号为初号。

(2)为文档设置页眉,奇数页页眉文字为"杭州西湖",偶数页页眉文字为"国家重点 5A 级风景名胜区"(均不包括引号)。

(3)为"基本信息""名称由来""历史沿革""周边住宿"设置序号"1. 2. 3.",该序号将随着某个序号的删除或增加而自动改变。

(4)为"秦汉-唐代""五代-宋代""元代""明代-清代""民国至 20 世纪末"设置形如➤的项目符号。

(5)表格操作。对表格按"距西湖直线距离约(公里)"升序排序。设置表格外框线及标题行下的线条线宽为 3.0 磅,颜色为蓝色。

(6)为文档中的两张图插入题注(下方,居中),题注内容分别为,第 1 张:"图 1 西湖全景",第 2 张:"图 2 西湖美景"(均不包含引号,而其中图 1、图 2 中的数字应随着前面图片及题注的添加而自动改变)。

2. 解答

步骤 1:根据操作要求(1),选中第 1 页第 1 行中的文字"杭州西湖",在"开始"选项卡中,单击"样式"组中的"标题"样式,然后在"字体"组中,设置其字体为隶书,字号为初号。

步骤 2:根据操作要求(2),在"布局"选项卡中,单击"页面设置"组右下角的"页面设置"扩展按钮,打开"页面设置"对话框,在"布局"选项卡中,选中"奇偶页不同"复选框,如图 3-56 所示,单击"确定"按钮。

微课:典型试题 3-7

图 3-56 "页面设置"对话框

步骤 3：在"插入"选项卡中，单击"页眉和页脚"组中的"页眉"下拉按钮，在打开的下拉列表中选择"编辑页眉"选项，此时光标位于第 1 页（奇数页）的页眉中，输入页眉文字"杭州西湖"，然后将光标置于第 2 页（偶数页）的页眉中，输入页眉文字"国家重点 5A 级风景名胜区"，在"页眉和页脚"功能区的"设计"选项卡中，单击"关闭"组中的"关闭页眉和页脚"按钮，退出"页眉和页脚"的编辑状态。

步骤 4：根据操作要求（3），选中第 1 页中的文字"基本信息"，在"开始"选项卡中，单击"段落"组中的"编号"下拉按钮，在打开的下拉列表中选择编号格式为"1.2.3."的选项，如图 3-57 所示，此时，文字"基本信息"前自动加上了编号"1."。

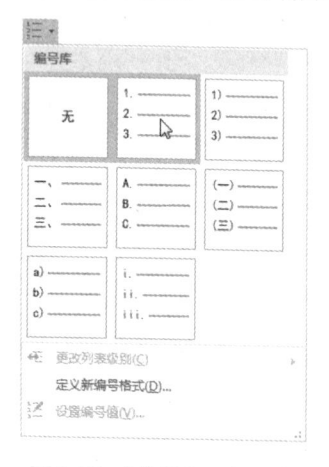

图 3-57 "编号"下拉列表

步骤 5：使用"格式刷"功能，把"1.基本信息"的编号格式分别复制到其后的"基本信息""名称由来""历史沿革""周边住宿"中。

步骤 6：根据操作要求（4），选中第 1 页中的文字"秦汉-唐代"，在"开始"选项卡中，单击"段落"组中的"项目符号"下拉按钮，在打开的下拉列表中选择项目符号为"➤"，如图 3-58 所示，此时，文字"秦汉-唐代"前自动加上了项目符号"➤"。

步骤 7：使用"格式刷"功能，把"➤ 秦汉-唐代"的项目符号格式分别复制到其后的"五代-宋代""元代""明代-清代""'中华民国'至 20 世纪末"中。

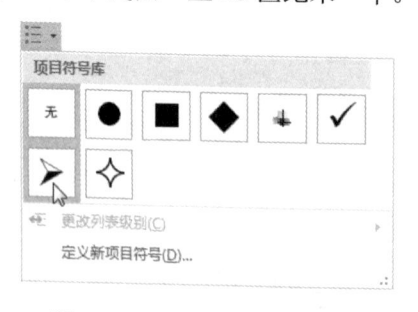

图 3-58 "项目符号"下拉列表

步骤 8：根据操作要求（5），将光标置于第 2 页表格的某一单元格中，在"表格工具"功能区的"布局"选项卡中，单击"数据"组中的"排序"按钮，打开"排序"对话框，如图 3-59 所示，选择主要关键字为"距西湖直线距离约（公里）"，并选中"升序"单选按钮，单击"确定"按钮。

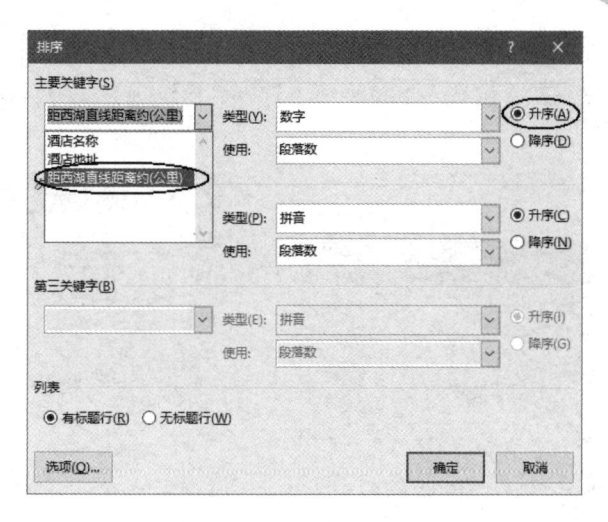

图 3-59 "排序"对话框

步骤 9：选中整张表格后，在"表格工具"功能区"设计"选项卡的"绘图边框"组中，选择"笔颜色"为蓝色，"笔画粗细"为 3.0 磅，并在"表格样式"组的"边框"下拉列表中选择"外侧框线"选项，如图 3-60 所示。

步骤 10：选中表格中的标题行（第 1 行）后，在"表格工具"功能区"设计"选项卡的"绘图边框"组中，保持"笔颜色"和"笔画粗细"的设置不变（蓝色，3.0 磅），并在"表格样式"组的"边框"下拉列表中选择"下框线"选项，如图 3-61 所示。

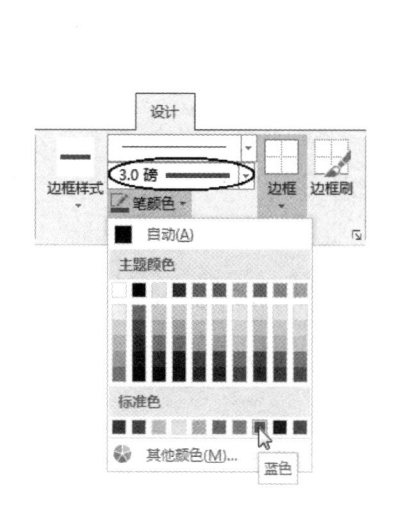

图 3-60 "设计"选项卡（1）　　　　　图 3-61 "设计"选项卡（2）

步骤 11：根据操作要求（6），右击第 1 张图片，在弹出的快捷菜单中选择"插入题注"命令，打开"题注"对话框，如图 3-62 所示，在"题注"文本框中已有标签和编号（图表 1），单击"新建标签"按钮，打开"新建标签"对话框，在"标签"文本框中输入文字"图"，单击"确定"按钮，返回"题注"对话框。

步骤 12：此时，"题注"文本框中的内容变为"图 1"，先在其后面添加一个空格，再添加文字"西湖全景"，然后在"位置"下拉列表中选择"所选项目下方"选项，如图 3-63 所示，单击"确定"按钮。

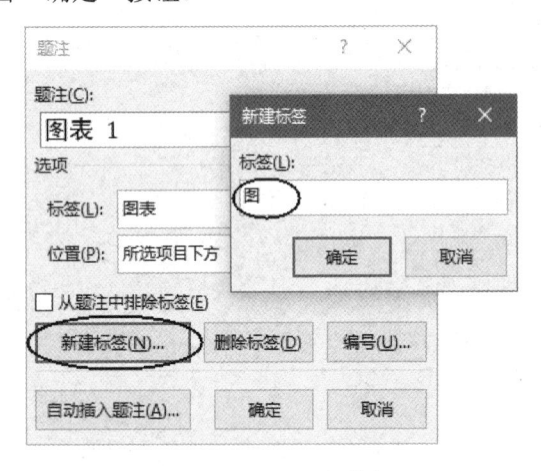

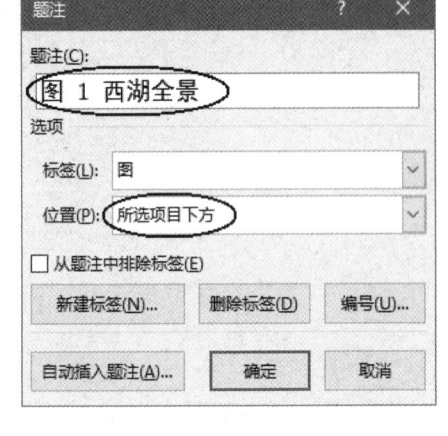

图 3-62 "题注"对话框（1）　　　　图 3-63 "题注"对话框（2）

步骤 13：右击第 2 张图片，在弹出的快捷菜单中选择"插入题注"命令，打开"题注"对话框，如图 3-64 所示，在"题注"文本框中已有标签和编号（图 2），先在其后面添加一个空格，再添加文字"西湖美景"，然后在"位置"下拉列表中选择"所选项目下方"选项，单击"确定"按钮。

图 3-64 "题注"对话框（3）

步骤 14：把两张图片的题注都水平居中。
步骤 15：单击快速访问工具栏中的"保存"按钮，保存文件。

3.2　练习试题

【练习试题 3-1】

在素材库的"练习试题 3-1"文件夹中，使用 Word 2019 程序打开素材文件"Word.docx"，按下面的操作要求进行操作,并把操作结果存盘。

1. 操作要求

【注意】完成后的效果图参考本题文件夹中的"Word-ref.pdf"文件,如与题目要求不符,以题目要求为准。

(1)在"在四五千年前,西溪的低湿之地…"所在段落中,对其中"到了宋元时期…"起的内容另起一段。

(2)对文档中所有的"西溪"两字加下划线(单线)。

(3)以修订方式执行操作:去掉"景区简介"中的两个段落的首字下沉效果。

(4)以下各小题的操作仍在非修订状态进行。

① 对"四、必游景点"开始的内容另起一页。

② 使"四、必游景点"之前的每一页使用页眉文字"西溪"。

③ 使"四、必游景点"开始的每一页使用页眉文字"西溪必游景点"。

(5)表格操作。设置第1页中表格。

① 根据内容自动调整表格,表格居中。

② 整个表格的外框线使用红色双线。

2. 操作提示

(1)将光标置于"到了宋元时期"的前面,按 Enter 键,另起一段。

(2)在"开始"选项卡中,单击"编辑"组中的"替换"按钮,打开"查找和替换"对话框,在"查找内容"文本框中输入"西溪",将光标置于"替换为"文本框中,单击"更多"按钮,再单击"格式"下拉按钮,选择"字体"选项,在打开的"替换字体"对话框中,选择"下画线线型"为"单线",单击"确定"按钮,返回"查找和替换"对话框,单击"全部替换"按钮,再单击"关闭"按钮。

微课:练习试题 3-1

(3)在"审阅"选项卡中,单击"修订"组中的"修订"按钮,启用修订功能,选中首字下沉的"西"字,在"插入"选项卡中,单击"文本"组中的"首字下沉"下拉按钮,在打开的列表中选择"无"选项;使用相同的方法,对第2个首字下沉的"西"字,取消首字下沉,再在"审阅"选项卡中,单击"修订"组中的"修订"按钮,关闭修订功能。

(4)将光标置于第2页"必游景点"的前面("四、"之后),在"布局"选项卡中,单击"页面设置"组中的"分隔符"下拉按钮,在打开的下拉列表中选择"下一页"分节符,如图3-65所示;在"插入"选项卡中,单击"页眉和页脚"组中的"页眉"下拉按钮,在打开的下拉列表中选择"编辑页眉"选项,此时光标位于第2页的页眉中,在"设计"选项卡的"导航"组中,取消"链接到前一节"按钮的选中状态,如图3-66所示;在页眉中输入文字"西溪必游景点";再将光标置于第1页的页眉中,输入文字"西溪",单击"关闭"组中的"关闭页眉和页脚"按钮,退出页眉编辑状态。

(5)选中第1页中的整张表格后,右击,在弹出的快捷菜单中选择"自动调整"→"根据内容自动调整表格"命令,如图3-67所示,再单击"居中"按钮;选中整张表格,在"设计"选项卡的"边框"组中,选择"笔样式"为双线,"笔颜色"为红色,"边框"为"外侧框线"。

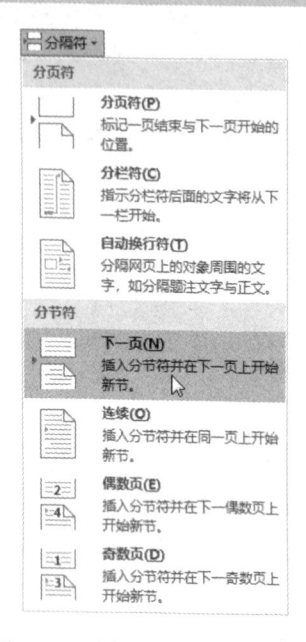

图 3-65 选择"下一页"分节符

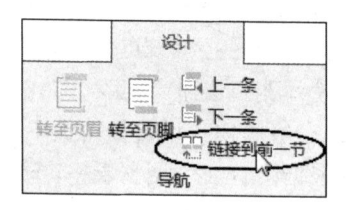

图 3-66 取消"链接到前一节"按钮的选中状态

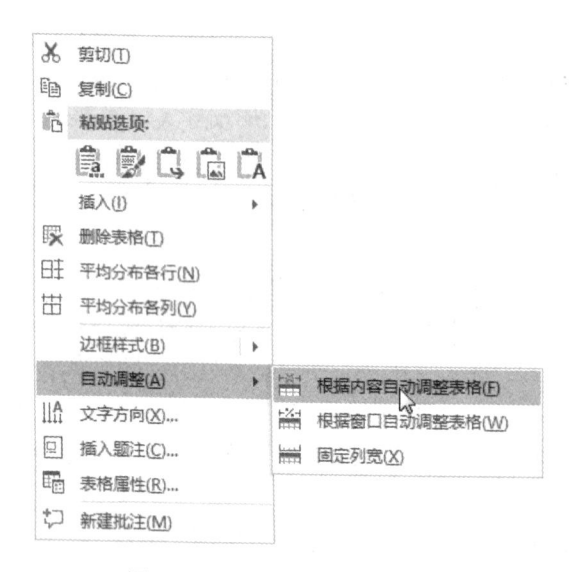

图 3-67 根据内容自动调整表格

【练习试题 3-2】

在素材库的"练习试题 3-2"文件夹中,使用 Word 2019 程序打开素材文件"Word.docx",按下面的操作要求进行操作,并把操作结果存盘。

1. 操作要求

【注意】完成后的效果图参考本题文件夹中的"Word-ref.pdf"文件,如与题目要求不符,以题目要求为准。

(1)设置文字对齐字符网格,每行 38 个字符数。

(2) 删除所有页眉，包括原页眉处的横线。

(3) 表格操作。

① 不显示第 1 页"基本信息""名称由来""历史沿革""周边住宿"表格的框线。

② 对"周边住宿"中的表格，在"杭州鼎红假日酒店"所在行前，插入一行，内容为："杭州黄龙饭店，杭州西湖区曙光路 120 号，1.16"。

(4) 为第 1 页表格中的"基本信息""名称由来""历史沿革""周边住宿"设置超链接，分别链接到后面的"1.基本信息""2.名称由来""3.历史沿革""4.周边住宿"处（链接点位置在编号后、汉字前，如"基本信息"的"基"字之前）。

(5) 删除文档"历史沿革"部分中所有的空格。

(6) 将正文中所有的数字设置为字体"红色"（注意不包括标题中的数字，如："基本信息""名称由来""历史沿革""周边住宿"等之前的编号）。

2．操作提示

(1) 在"布局"选项卡中，单击"页面设置"组右下角的"页面设置"扩展按钮，打开"页面设置"对话框，在"文档网格"选项卡中，选中"文字对齐字符网格"单选按钮，设置每行 38 个字符数，如图 3-68 所示，单击"确定"按钮。

微课:练习试题 3-2

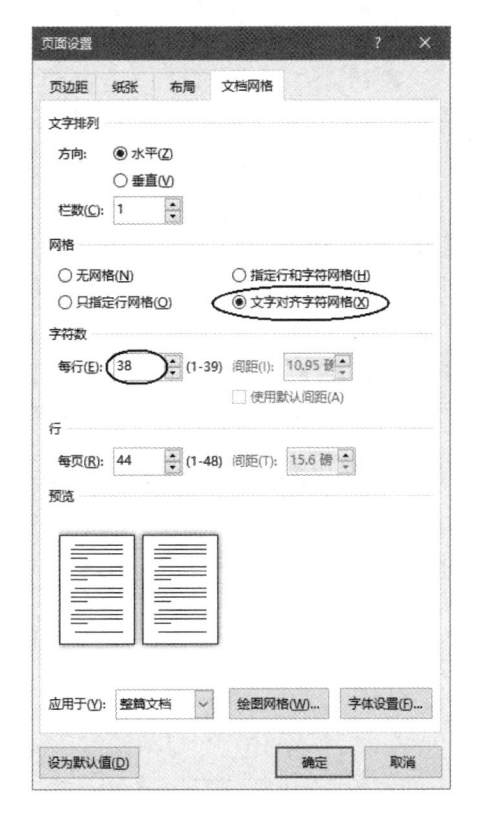

图 3-68 "文档网格"选项卡

(2) 将光标置于第 1 页正文中，在"插入"选项卡中，单击"页眉和页脚"组中的"页眉"下拉按钮，在打开的下拉列表中选择"删除页眉"选项，再将光标置于第 2 页正文中，单击"页眉和页脚"组中的"页眉"下拉按钮，在打开的下拉列表中选择"删除页眉"选项，此时所有页眉中的文字已删除,但仍有横线,在页眉空白处双击鼠标,再在正文空白处双击鼠标,此时所有页眉中的横线已删除。

(3)选中第 1 页中的整张表格后,在"设计"选项卡中,单击"表格样式"组中的"边框"下拉按钮,在打开的下拉列表中选择"无框线"选项;在第 2 页的表格中,选中"杭州鼎红假日酒店"所在的行(第 4 行),右击,在弹出的快捷菜单中选择"插入"→"在上方插入行"命令,如图 3-69 所示,在插入的空行中输入表格内容"杭州黄龙饭店,杭州西湖区曙光路 120 号,1.16"。

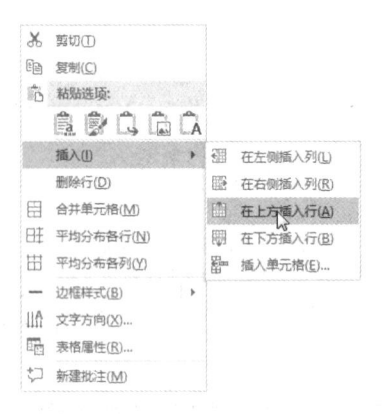

图 3-69 在上方插入行

(4)将光标置于文字"基本信息"之前(编号"1."之后),在"插入"选项卡中,单击"链接"组中的"书签"按钮,打开"书签"对话框,在"书签名"文本框中输入"基本信息",单击"添加"按钮,如图 3-70 所示;使用相同的方法,分别在文字"名称由来""历史沿革""周边住宿"前添加书签,书签名分别为"名称由来""历史沿革""周边住宿";选中第 1 页表格中的文字"基本信息",右击,在弹出的快捷菜单中选择"链接"命令,打开"插入超链接"对话框,在对话框左侧窗格中选择"本文档中的位置"选项,在对话框右侧窗格中选择"书签"列表中的"基本信息"书签名,如图 3-71 所示,单击"确定"按钮;使用相同的方法,分别为表格中的文字"名称由来""历史沿革""周边住宿"设置超链接,分别链接到相应的书签。

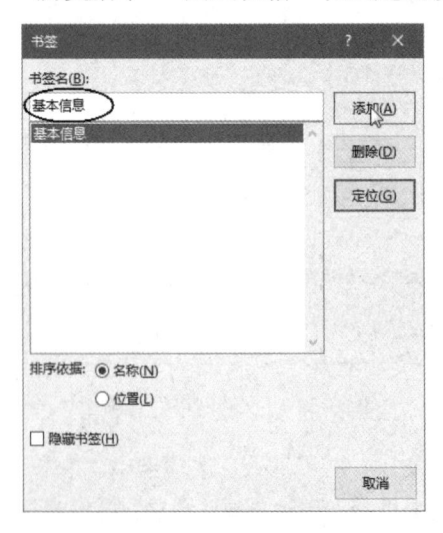

图 3-70 "书签"对话框

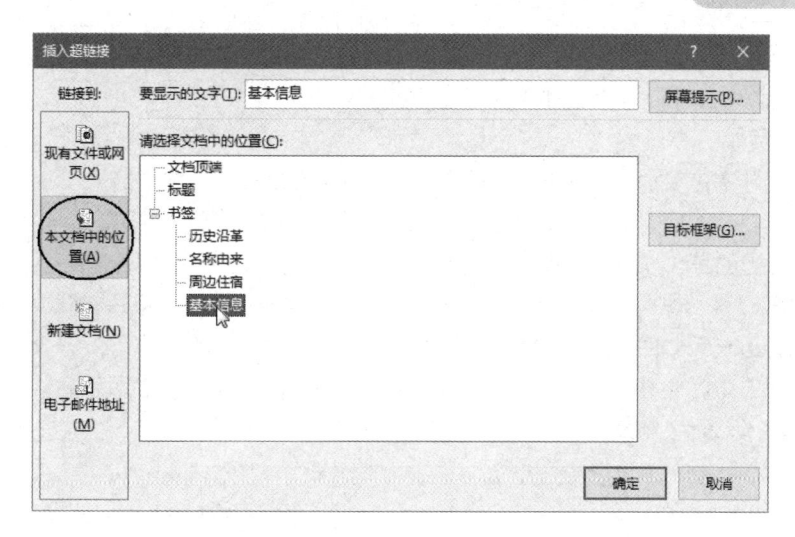

图 3-71 "插入超链接"对话框

（5）在"开始"选项卡中，单击"编辑"组中的"替换"按钮，打开"查找和替换"对话框，在"查找内容"文本框中输入一空格，在"替换为"文本框中不输入任何内容，单击"全部替换"按钮，再单击"关闭"按钮。

（6）单击"编辑"组中的"替换"按钮，打开"查找和替换"对话框，删除"查找内容"文本框中刚才输入的空格，然后单击"更多"按钮，再单击"特殊格式"下拉按钮，在打开的下拉列表中选择"任意数字"选项，此时，在"查找内容"文本框中自动填入了格式符号"^#"，将光标置于"替换为"文本框中，单击"格式"下拉按钮，在打开的下拉列表中选择"字体"选项，打开"替换字体"对话框，选择"字体颜色"为"红色"，单击"确定"按钮，返回"查找和替换"对话框，再单击"全部替换"按钮，文中的所有的数字均变为红色，单击"关闭"按钮。

【练习试题 3-3】

在素材库的"练习试题 3-3"文件夹中，使用 Word 2019 程序打开素材文件"Word.docx"，按下面的操作要求进行操作，并把操作结果存盘。

1. 操作要求

【注意】完成后的效果图参考本题文件夹中的"Word-ref.pdf"文件，如与题目要求不符，以题目要求为准。

（1）将本题文件夹 "Word1.docx"中的文档内容插入到"Word.docx"中"职业：思想家、哲学家、科学家"所在行之后。将"E=mc2"中的 2 设置为上标。

（2）统计文档中"相对论"出现的次数，将出现次数输入到文档尾"统计："之后。设置首行文字"阿尔伯特·爱因斯坦"字体为"黑体"，颜色为深蓝色，字符间距缩放为 80%。

（3）将"简介""主要成就""轶事""部分年表"设置为"标题 2"样式。为"部分年表"中 1879 年到 1899 年所在行设置制表位，设置制表位位置为 13 字符，并设置前导符为"……"。

（4）表格操作。将第 2 至第 4 行（即姓名～职业）文本转换成表格，并"根据内容自动调整表格"，设置表格样式选项为无标题行，并套用"网格表 4-着色 2"的表格样式。

(5）将文档最后一页上的图设置浮于文字上方，然后移到第 1 页表格右边。并设置缩放的高度、宽度均为 70%，图片样式为"柔化边缘椭圆"。

2. 操作提示

（1）双击打开本题文件夹中的另一素材文件"Word1.docx"，按 Ctrl＋A 组合键选中所有内容后，再按 Ctrl＋C 组合键进行复制，将光标置于"Word.docx"文档的第 1 页第 5 行行首（文字"简介"之前，文字"职业：思想家、哲学家、科学家"所在行之后），按 Ctrl＋V 组合键进行粘贴，然后关闭"Word1.docx"文件。选中倒数第 2 页"二、E=mc2"中的数字"2"，在"开始"选项卡中，单击"字体"组中的"上标"按钮，如图 3-72 所示，即可把数字"2"设置为上标。

微课：练习试题 3-3

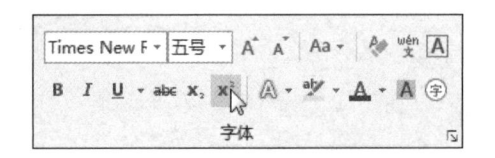

图 3-72 "字体"组

（2）在"开始"选项卡中，单击"编辑"组中的"查找"按钮，在打开的"导航"窗格中，输入文字"相对论"，即可看到共查找到 61 个结果，在文档尾"统计："之后，输入数字"61"。选中首行文字"阿尔伯特·爱因斯坦"后，在"开始"选项卡的"字体"组中，设置其字体为"黑体"，颜色为深蓝色。在"段落"组中，选择"中文版式"→"字符缩放"→"80%"选项，如图 3-73 所示。

（3）选中第 1 页中的文字"简介"，单击"样式"组中的"标题 2"样式。用格式刷工具把"简介"的格式分别复制到"主要成就""轶事""部分年表"中。选中"部分年表"下的从 1879 年到 1899 年所在的 13 行文字，单击"段落"组右下角的功能扩展按钮 ，在打开的"段落"对话框中，单击左下角的"制表位"按钮，打开"制表位"对话框，在"制表位位置"文本框中输入"13 字符"，选中"5……"单选按钮，如图 3-74 所示，单击"确定"按钮。

图 3-73 "字符缩放"列表

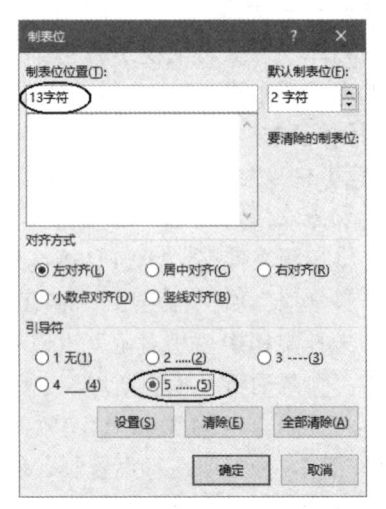

图 3-74 "制表位"对话框

（4）选中第 1 页中第 2 至第 4 行（即姓名～职业）文本，在"插入"选项卡中，选择"表格"组中的"表格"→"文本转换成表格"选项，打开"将文字转换成表格"对话框，选中"根据内容调整表格"单选按钮后，单击"确定"按钮。选中整张表格，在"表格工具"下的"设计"选项卡中，在"表格样式选项"组中，取消选中"标题行"复选框。在"表格样式"组中，选择"网格表 4-着色 2"样式。

（5）右击文档末尾的图片，选择"环绕文字"→"浮于文字上方"命令，再右击该图片，选择"大小和位置"命令，在打开的"布局"对话框中，设置缩放高度为 70%，并选中"锁定纵横比"复选框，单击"确定"按钮。选中该图片，在"图片工具"下的"格式"选项卡中，选择图片样式为"柔化边缘椭圆"。拖动该图片到第 1 页表格的右侧。

【练习试题 3-4】

在素材库的"练习试题 3-4"文件夹中，使用 Word 2019 程序打开素材文件"Word.docx"，按下面的操作要求进行操作，并把操作结果存盘。

1. 操作要求

【注意】完成后的效果图参考本题文件夹中的"Word-ref.pdf"文件，如与题目要求不符，以题目要求为准。

（1）去掉文档中所有数字的倾斜效果（非数字的倾斜不变）。

（2）"赛事规则"开始的内容另起一页，并要求设置第一页页面垂直对齐方式为"居中"。对"项目　距离（公里）　关门时间（小时）"到"全程马拉松　30　3.5"所在各行设置 2 个制表位，制表位位置和对齐方式分别为"15 字符、小数点对齐""25 字符、右对齐"。

（3）设置页眉。使第 1 页页眉文字为"杭州国际马拉松赛赛事简介"，第 2 页及后面各页的页眉文字为"赛事规则"。为后面两张表格在表格上方（居中）分别设置题注"表　甲　名次资金"和"表　乙　报名收费标准"（要求：如果删除了表甲，则表乙会自动变为表甲）。

（4）表格操作。对第一张表格套用表格样式"网格表 4-着色 2"，并设置表格"居中"。对第二张表格，设置表格行高为 1 厘米，各单元"水平居中"。

（5）为文档添加图片水印，图片文件为本题文件夹中的"0.png"。将文档最后的图片置于第 3 页右下角，设置环绕方式为"紧密型环绕"，并裁剪图片形状为正五边形。

2. 操作提示

（1）在"开始"选项卡中，单击"编辑"组中的"替换"按钮，打开"查找和替换"对话框，在"替换"选项卡中，单击"更多"按钮，展开对话框内容，然后将光标置于"查找内容"文本框中；再单击对话框底部的"特殊格式"下拉按钮，在打开的下拉列表中选择"任意数字"选项，此时，在"查找内容"文本框中自动填入了格式符号"^#"。

微课：练习试题 3-4

将光标置于"替换为"文本框中，然后单击对话框底部的"格式"下拉按钮，在打开的下拉列表中选择"字体"选项，在打开的"字体"对话框中，选择字形为"常规"，单击"确定"按钮，返回"查找和替换"对话框，再单击"全部替换"按钮，单击"关闭"按钮。

（2）将光标置于"赛事规则"的左侧，在"布局"选项卡中的"页面设置"组中，选择分隔符为"下一页"分节符。将光标置于第 1 页中，单击"页面设置"组右侧的功能扩展按钮，在打开的"页面设置"对话框的"布局"选项卡中，选择"垂直对齐方式"为"居中"，选择

"应用于"为"本节",如图 3-75 所示,单击"确定"按钮。

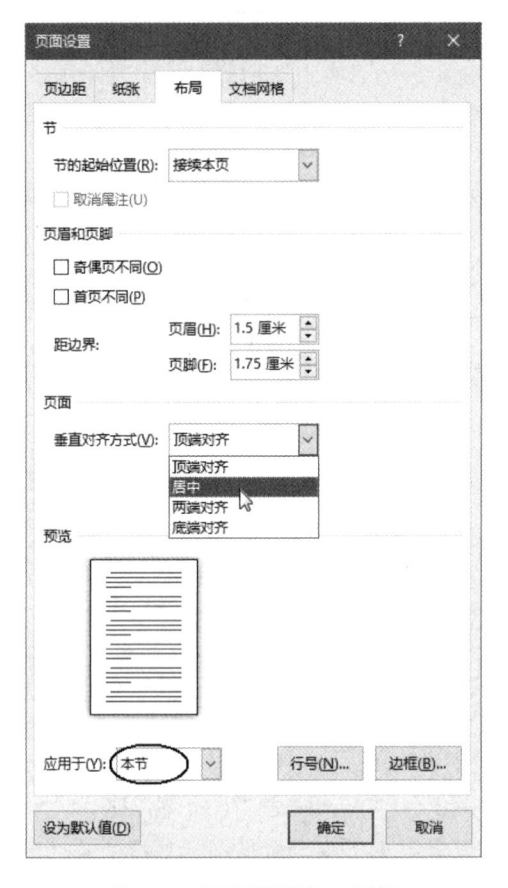

图 3-75 "页面设置"对话框

选中第 3 页中部的"项目　距离(公里)　关门时间(小时)"到"全程马拉松　30　3.5"所在 5 行文字,在"开始"选项卡中,单击"段落"组右下角的功能扩展按钮,在打开的"段落"对话框中,单击左下角的"制表位"按钮,打开"制表位"对话框,在"制表位位置"文本框中输入"15 字符",选中"小数点对齐"单选按钮,单击"确定"按钮。使用相同的方法,再建一个"25 字符、右对齐"的制表位。

(3)双击第 1 页(第 1 节)的页眉位置,输入页眉文字"杭州国际马拉松赛赛事简介",将光标置于第 2 页(第 2 节)的页眉位置,在"页眉和页脚工具"下的"设计"选项卡中,在"导航"组中,取消"链接到前一节"按钮的选中状态(即未选中),修改第 2 页的页眉文字为"赛事规则",双击正文的空白处,退出页眉和页脚的编辑状态。

选中第 1 张表格,右击并选择"插入题注"命令,打开"题注"对话框,单击"新建标签"按钮,打开"新建标签"对话框,在"标签"文本框中输入文字"表",单击"确定"按钮,返回"题注"对话框。单击"编号"按钮,打开"编号"对话框,选择格式为"甲,乙,丙…",单击"确定"按钮,返回"题注"对话框。此时,"题注"文本框中的内容变为"表 甲",先在其后面添加一个空格,再添加文字"名次资金",然后在"位置"下拉列表中选择"所选项目上方"选项,单击"确定"按钮,再单击"居中"按钮。使用相同的方法,为第 2 张表格添加题注"表 乙 报名收费标准"。

(4) 选中第 1 张表格，在"表格工具"的"设计"选项卡中，选择表格样式为"网格表 4-着色 2"，在"开始"选项卡中，单击"居中"按钮。选中第 2 张表格，右击并选择"表格属性"命令，打开"表格属性"对话框，在"行"选项卡中，设置表格高度为 1 厘米，如图 3-76 所示，单击"确定"按钮。选中第 2 张表格，在"表格工具"的"布局"选项卡中，单击"对齐方式"组中的"水平居中"按钮。

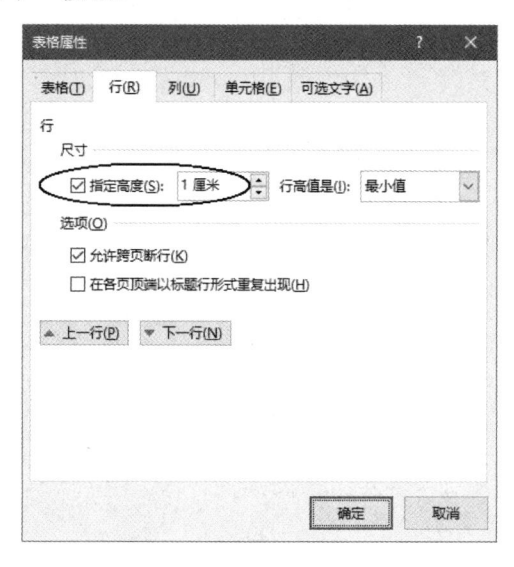

图 3-76 "表格属性"对话框

(5) 在"设计"选项卡的"页面背景"组中，选择"水印"→"自定义水印"选项，打开"水印"对话框，选中"图片水印"单选按钮，如图 3-77 所示，单击"选择图片"按钮，在打开的"插入图片"对话框中选择本题文件夹中的"0.png"文件作为水印图片，单击"确定"按钮。

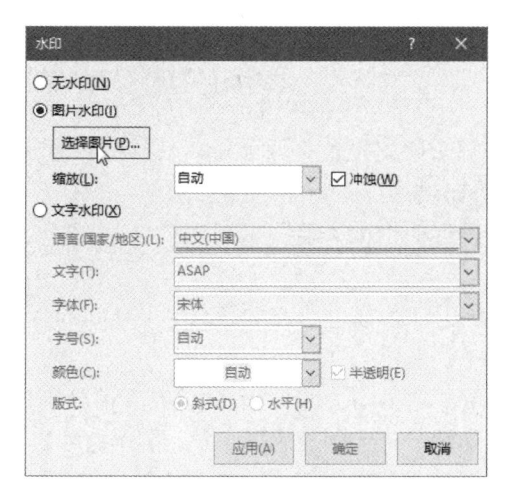

图 3-77 "水印"对话框

选中文档最后的图片，右击并选择"环绕文字"→"紧密型环绕"命令，在"图片工具"下的"格式"选项卡中，在"大小"组中，选择"裁剪"→"裁剪为形状"→"五边形"选项，如图 3-78 所示。拖动该图片到第 3 页右下角。

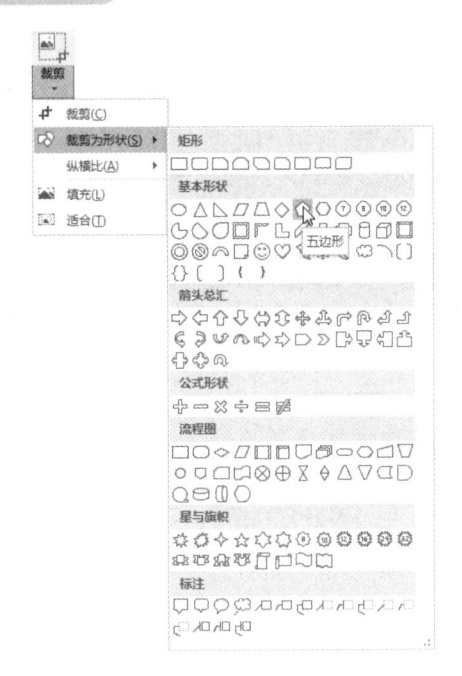

图 3-78　图片裁剪

【练习试题 3-5】

在素材库的"练习试题 3-5"文件夹中,使用 Word 2019 程序打开素材文件"Word.docx",按下面的操作要求进行操作,并把操作结果存盘。

1. 操作要求

【注意】完成后的效果图参考本题文件夹中的"Word-ref.pdf"文件,如与题目要求不符,以题目要求为准。

(1) 将本题文件夹中的"Word1.docx"文档内容插入到"Word.docx"文件的末尾。删除文档中所有制表符。

(2) 设置全文字体为加宽 1 磅。设置"西子湖"三个汉字为带圈字符,并使用增大圈号。设置"A 大学历史悠久。"所在段落行距为 1.1 倍行距。

(3) 设置多级列表。使单行的"A 大学""B 大学""C 大学"前分别使用"第 1 章""第 2 章""第 3 章"。

"A 大学"中的"办学历史""学院建设&学科设定""办学理念""师资力量""硬件条件"前分别使用"1.1""1.2"……"1.5"。

"B 大学"中的"学校概况""师资力量""人才培养"前分别使用"2.1""2.2""2.3"。

要求:章中的编号是自动编号,当删除了第 1 章,则第 2 章自动成为第 1 章。节中的两个编号都是自动编号,点前的自动与章编号对应,点后的自动以 1,2,3,……为序。

(4) 表格操作。对 C 大学中的表格,设置表格"根据内容自动调整表格",然后按课程名称为第一关键字、学生人数为第二关键字升序排序表格,设置表格外框线为蓝色双线。

(5) 将第一张图片放置于"A 大学历史悠久。"段落右侧,并设置为四周型环绕。将第二张图片放置于"B 大学坐落于历史文化名城"段落右侧,同样也设置为四周型环绕,并设置该图片的艺术效果为"铅笔灰度"。

2. 操作提示

（1）双击打开本题文件夹中的另一素材文件"Word1.docx"，按 Ctrl＋A 组合键选中所有内容后，再按 Ctrl＋C 组合键进行复制，将光标置于"Word.docx"文档末尾（倒数第 2 行，空行），按 Ctrl＋V 组合键进行粘贴，然后关闭"Word1.docx"文件。

在"开始"选项卡中，单击"编辑"组中的"替换"按钮，打开"查找和替换"对话框，在"替换"选项卡中，单击"更多"按钮，展开对话框内容，然后将光标置于"查找内容"文本框中；再单击对话框底部的"特殊格式"下拉按钮，在打开的下拉列表中选择"制表符"选项，此时，在"查找内容"文本框中自动填入了格式符号"^t"。在"替换为"文本框中不要输入任何内容（空白），再单击"全部替换"按钮，单击"关闭"按钮。

（2）按 Ctrl＋A 组合键选中全文所有内容，在"段落"组中，选择"中文版式"→"字符缩放"→"其他"选项，打开"字体"对话框，设置字符间距为加宽 1 磅，单击"确定"按钮。

选中第 1 页第 3 行"西子湖"中的"西"字，在"字体"组中，单击"带圈字符"按钮㊀，打开"带圈字符"对话框，选中"增大圈号"样式，如图 3-79 所示，单击"确定"按钮。使用相同的方法，分别为"西子湖"中的"子"和"湖"设置"带圈字符"。

将光标置于第 1 页第 4 段落中（"A 大学历史悠久。"所在段落），单击"段落"组右下角的功能扩展按钮，在打开的"段落"对话框中，设置行距为"多倍行距，1.1 倍"，如图 3-80 所示，单击"确定"按钮。

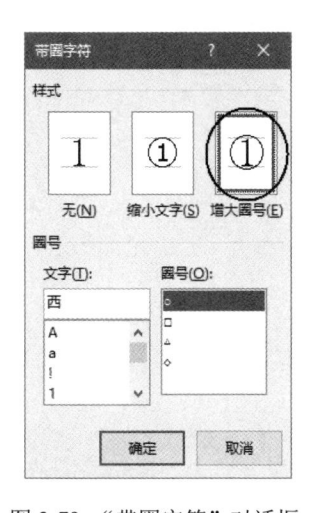

图 3-79　"带圈字符"对话框　　　　图 3-80　"段落"对话框

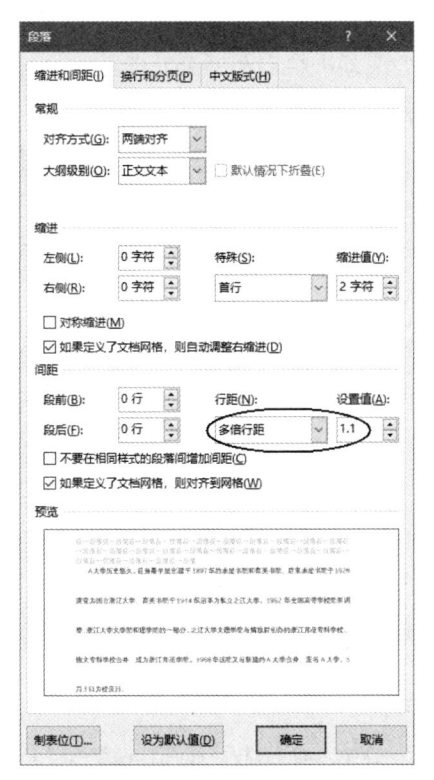

（3）将光标置于第 1 页第 1 行中（"A 大学"所在行），在"开始"选项卡中，单击"段落"组中的"多级列表"下拉按钮，在打开的下拉列表中选择"定义新的多级列表"选项，在打开的"定义新多级列表"对话框中，单击该对话框左下角的"更多"按钮，展开对话框内容，在"单击要修改的级别"列表框中选择"1"选项，在"输入编号的格式"文本框中，在"1"的左、右两侧分别输入文字"第"和"章"，构成"第 1 章"的形式，在对话框右侧的"将级别链接到样式"下拉列表中选择"标题 1"样式。在"单击要修改的级别"列表框中选择"2"选项，此时"输入编号的格式"文本框中的内容为"1.1"的形式，已符合题目要求，在对话框右侧的"将级别链接到样式"下拉列表中选择"标题 2"样式，在对话框底部的"编号对齐方式"下拉列表中选择"左对齐"对齐方式，设置"对齐位置"为 0 厘米，"文本缩进位置"为 1 厘米，单击"确定"按钮，此时"第 1 章 A 大学"已经自动编号，并应用了样式"标题1"。

使用"格式刷"功能，把"第 1 章 A 大学"所在行的格式复制到其后的单行"B 大学"和"C 大学"中。将光标置于单行"办学历史"中，在"样式"组中，单击"标题 2"样式，此时"1.1 办学历史"已经自动编号，并应用了样式"标题 2"。使用"格式刷"功能，把"1.1 办学历史"所在行的格式分别复制到"A 大学"中的单行"学院建设&学科设定""办学理念""师资力量""硬件条件"中，以及"B 大学"中的单行"学校概况""师资力量""人才培养"中。

（4）选中 C 大学中的表格，右击并选择"自动调整"→"根据内容自动调整表格"命令，在"表格工具"下的"布局"选项卡中，单击"数据"组中的"排序"按钮，打开"排序"对话框，设置主要关键字为"课程名称"（列 3），升序，设置次要关键字为"学生人数"（列 2），升序，选中"有标题行"单选按钮，如图 3-81 所示，单击"确定"按钮。在"表格工具"下的"设计"选项卡中，在"边框"组中，选择笔样式为双线，笔颜色为蓝色，在"边框"下拉列表中选择"外侧框线"选项。

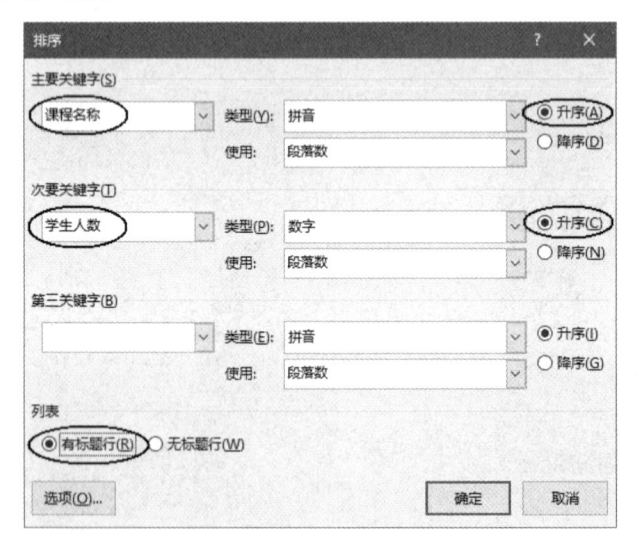

图 3-81 "排序"对话框

（5）选中第一张图片，右击并选择"环绕文字"→"四周型"命令，拖动该图片到"A 大学历史悠久。"所在段落的右侧。选中第二张图片，右击并选择"环绕文字"→"四周型"命令，在"图片工具"下的"格式"选项卡中，在"调整"组中，选择艺术效果为"铅笔灰度"，如图 3-82 所示。拖动该图片到"B 大学坐落于历史文化名城"段落的右侧。

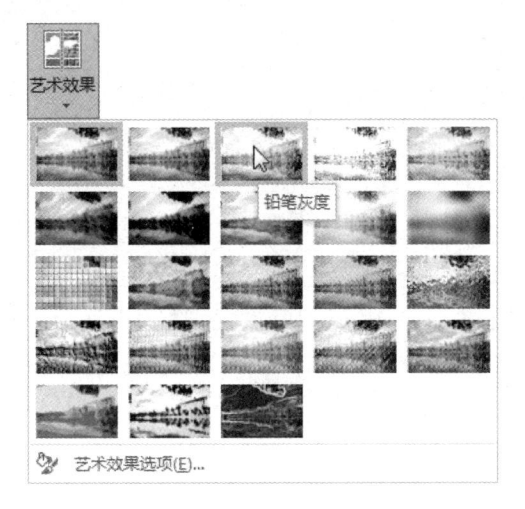

图 3-82 "艺术效果"列表

第4章 表格综合题

本章的重点主要包括：工作表操作（插入、复制、更改表顺序），字符格式设置（字体、字号、颜色、对齐方式），行、列的插入与删除，行高、列宽的调整，单元格的合并居中，单元格数字格式，数据计算（公式、函数的使用），排序（升序、降序、自定义序列），分类汇总，筛选（自动筛选、高级筛选），条件格式，图表操作（插入图表、图表格式设置），表样式，批注和保护工作表，突出显示，等等。

4.1 典型试题

【典型试题 4-1】

打开素材库中的"典型试题 4-1.xlsx"文件，按下面的操作要求进行操作，并把操作结果存盘。

1. 操作要求

（1）将工作表 Sheet1 复制到 Sheet2 中，并将 Sheet1 更名为"工资表"。

（2）在 Sheet2 的"叶业"所在行后增加一行："邹萍萍，2600，700，750，150"。

（3）在 Sheet2 的第 F 列第 1 个单元格中输入"应发工资"，F 列其余单元格存放对应行"岗位工资""薪级工资""业绩津贴"和"基础津贴"之和。

（4）将 Sheet2 中"姓名"和"应发工资"两列复制到 Sheet3 中。

（5）在 Sheet2 中利用公式统计应发工资≥4500 的人数，并把数据放入 H2 单元格。

（6）在 Sheet3 工作表后添加工作表 Sheet4，将 Sheet2 的 A 到 F 列复制到 Sheet4。对 Sheet4 中的应发工资列设置条件格式，凡是低于 4000 的，一律显示为红色。

2. 解答

步骤1：根据操作要求（1），先选中 Sheet1 表中的所有内容，右击并选择"复制"命令，再选中 Sheet2 表中的 A1 单元格，右击并选择"粘贴"命令。右击 Sheet1 工作表标签，选择"重命名"命令，然后输入新工作表标签"工资表"。

步骤 2：根据操作要求（2），在 Sheet2 表中，选中第 6 行，右击并选择"插入"命令，在新插入的行中输入"邹萍萍，2600，700，750，150"。

步骤 3：根据操作要求（3），在 F1 单元格中输入"应发工资"，在 F2 单元格中输入公式"=B2+C2+D2+E2"，并拖动 F2 单元格的填充柄至 F102 单元格（或双击 F2 单元格的填充柄）。

微课：典型试题 4-1

步骤 4：根据操作要求（4），在 Sheet2 表中，选中 A1:A102 单元格区域（姓名），按住 Ctrl 键不松开，再同时选中 F1:F102 单元格区域（应发工资），然后右击并选择"复制"命令，选中 Sheet3 表中的 A1 单元格，右击并选择"粘贴"命令。

步骤 5：根据操作要求（5），选中 Sheet2 表中的 H2 单元格，单击编辑栏中的"插入函数"按钮 f_x，打开"插入函数"对话框，如图 4-1 所示，在"或选择类别"下拉列表中选择"统计"或"全部"选项，在"选择函数"列表框中选择"COUNTIF"函数。

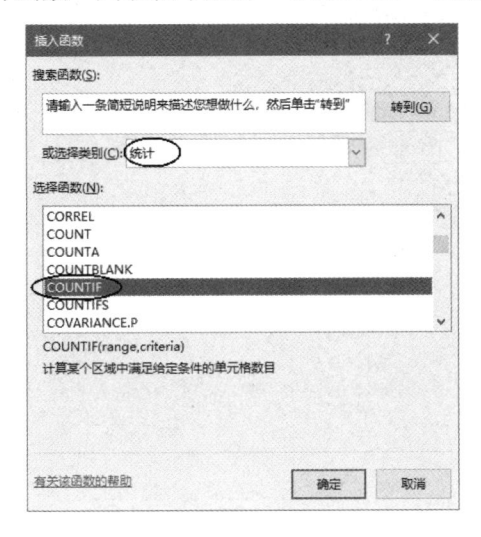

图 4-1 "插入函数"对话框

步骤 6：单击"确定"按钮，打开"函数参数"对话框，将光标置于"Range"文本框中，再选中 F2:F102 单元格区域，此时在"Range"文本框中会自动填入"F2:F102"（也可直接在"Range"文本框中输入"F2:F102"），在"Criteria"文本框中输入">=4500"，如图 4-2 所示，单击"确定"按钮后，统计出相应人数（78）。

【说明】也可在 H2 单元格中直接输入公式"=COUNTIF(F2:F102,">=4500")"。

步骤 7：根据操作要求（6），单击窗口底部的"新工作表"标签按钮⊕，从而插入一新工作表 Sheet1，然后把 Sheet1 重命名为 Sheet4。在 Sheet2 工作表中，拖动鼠标选中 A 到 F 列，然后右击并选择"复制"命令，选中 Sheet4 表中的 A1 单元格，右击并选择"粘贴"命令。

步骤 8：在 Sheet4 工作表中，选中 F 列（应发工资），在"开始"选项卡中，单击"样式"组中的"条件格式"下拉按钮，在打开的下拉列表中选择"突出显示单元格规则"→"小于"选项，如图 4-3 所示，打开"小于"对话框，在"为小于以下值的单元格设置格式"文本框中输入"4000"，在"设置为"下拉列表中选择"自定义格式"选项，如图 4-4 所示，在打开的"设置单元格格式"对话框中设置字体颜色为"红色"后，单击"确定"按钮返回"小于"对话框，再单击"确定"按钮。

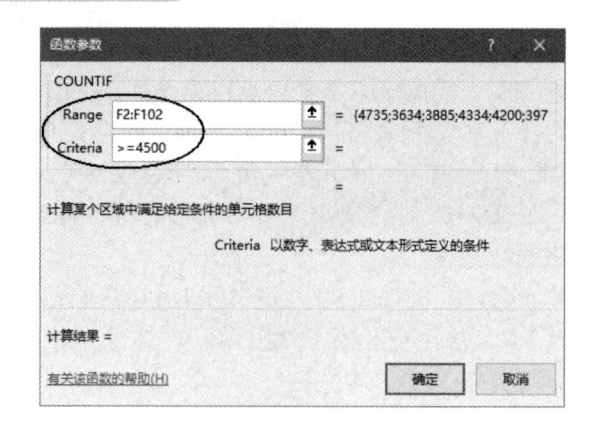

图 4-2 "函数参数"对话框

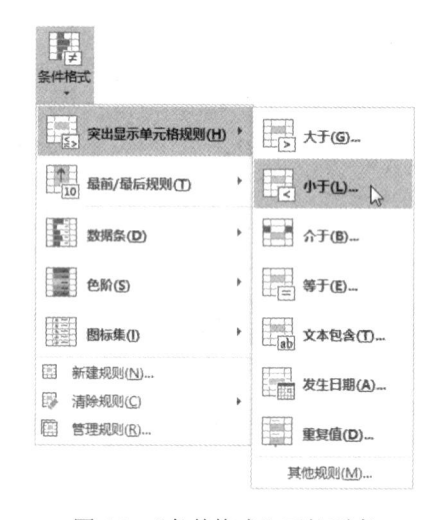

图 4-3 "条件格式"下拉列表

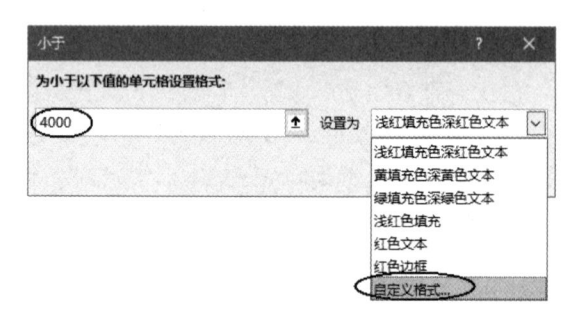

图 4-4 "小于"对话框

步骤 9：单击快速访问工具栏中的"保存"按钮![], 保存文件。

【典型试题 4-2】

打开素材库中的"典型试题 4-2.xlsx"文件，按下面的操作要求进行操作，并把操作结果存盘。

1. 操作要求

（1）在 Sheet1 表后插入工作表 Sheet2 和 Sheet3，并将 Sheet1 复制到 Sheet2 中。

（2）在 Sheet2 中，将学号为"131973"的学生的"微机接口"成绩改为 75 分，并在 G 列右边增加 1 列"平均成绩"，求出相应的平均值，保留且显示两位小数。

（3）将 Sheet2 中的"微机接口"成绩低于 60 分的学生复制到 Sheet3 表中（连标题行）。

（4）对 Sheet3 中的内容按"平均成绩"降序排列。

（5）在 Sheet2 中利用公式统计"电子技术"成绩在 60 至 69 分（含 60 和 69）的人数，将数据放入 J2 单元格。

（6）在 Sheet3 工作表后添加工作表 Sheet4，将 Sheet2 的 A 到 H 列复制到 Sheet4 中。

（7）对于 Sheet4，在 I1 单元格中输入"名次"（不包括引号），下面的各单元格利用公式按平均成绩从高到低填入对应的名次（说明：当平均成绩相同时，名次相同，取最佳名次）。

2. 解答

步骤 1：根据操作要求（1），单击窗口底部的"新工作表"标签按钮 ⊕ 两次，从而插入新工作表 Sheet2 和 Sheet3，选中 Sheet1 工作表中的全部内容，右击并选择"复制"命令，然后选中 Sheet2 工作表中的 A1 单元格，右击并选择"粘贴"命令。

微课：典型试题 4-2

步骤 2：根据操作要求（2），在 Sheet2 表中，单击"编辑"组中的"查找和选择"下拉按钮，在打开的下拉列表中选择"查找"选项，打开"查找和替换"对话框，在"查找内容"文本框中输入"131973"，如图 4-5 所示，单击"查找下一个"按钮，找到学号"131973"所在的单元格（A81），单击"关闭"按钮，关闭"查找和替换"对话框。

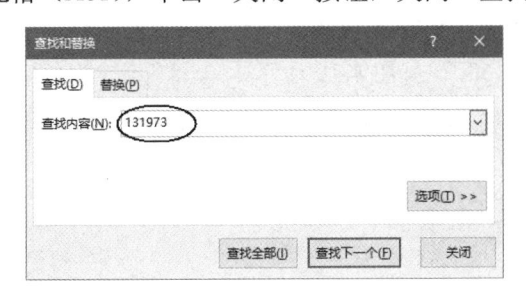

图 4-5 "查找和替换"对话框

步骤 3：把 G81 单元格（学号为"131973"的学生的"微机接口"成绩）的内容改为 75，然后在 H1 单元格中输入"平均成绩"，选中 H2 单元格，单击"编辑"组中的"自动求和"下拉按钮 Σ ▼，在打开的下拉列表中选择"平均值"选项，如图 4-6 所示，此时在 H2 单元格自动填入了公式"=AVERAGE(C2:G2)"，如图 4-7 所示，确认公式无误后，按 Enter 键，得到平均值（67.8），双击 H2 单元格的填充柄，从而计算出所有学生的"平均成绩"。

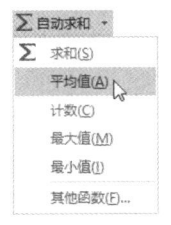

图 4-6 "自动求和"下拉列表

图 4-7 计算平均值

步骤 4：选中 H2:H101 单元格区域后，单击"数字"组中的"增加小数位数"按钮，使得"平均成绩"保留且显示两位小数。

步骤 5：根据操作要求（3），在 Sheet2 工作表中，选中 G1 单元格，单击"编辑"组中的"排序和筛选"下拉按钮，在打开的下拉列表中选择"筛选"选项，如图 4-8 所示，此时标题行（第 1 行）中各字段的右侧出现了"自动筛选"下拉按钮。

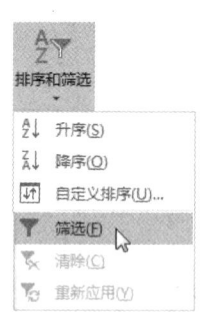

图 4-8 "排序和筛选"下拉列表

步骤 6：单击"微机接口"字段右侧的"自动筛选"下拉按钮，在打开的下拉列表中选择"数字筛选"→"小于"选项，如图 4-9 所示，打开"自定义自动筛选方式"对话框，在"小于"右侧的文本框中输入"60"，如图 4-10 所示，单击"确定"按钮，此时窗口筛选出了"微机接口"低于 60 分的学生。

图 4-9 "自动筛选"下拉列表

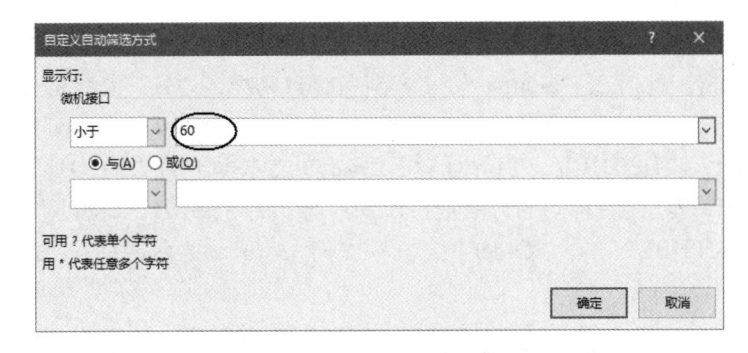

图 4-10 "自定义自动筛选方式"对话框

步骤 7：选中筛选出来的所有学生及标题行，右击并选择"复制"命令，然后在 Sheet3 表的 A1 单元格中，右击并选择"粘贴"命令。

步骤 8：根据操作要求（4），在 Sheet3 表中，选中 H1 单元格（平均成绩），在"数据"选项卡中，单击"排序和筛选"组中的"降序"按钮，此时表中所有学生已按"平均成绩"降序排列。

步骤 9：根据操作要求（5），选中 Sheet2 工作表中的任一单元格，单击"排序和筛选"组中的"筛选"按钮，从而取消"自动筛选"功能，在 J2 单元格中输入公式"=COUNTIF(F2:F101,">=60")-COUNTIF(F2:F101,">69")"，从而统计出"电子技术"在 60 至 69 分（含 60 和 69）的人数（22）。

步骤 10：根据操作要求（6），单击窗口底部的"新工作表"标签按钮，从而在 Sheet3 工作表后添加工作表 Sheet4，在 Sheet2 工作表中，拖动鼠标选中 A 到 H 列，然后右击并选择"复制"命令，选中 Sheet4 工作表中的 A1 单元格，右击并选择"粘贴"命令。

步骤 11：根据操作要求（7），在 Sheet4 工作表的 I1 单元格中，输入"名次"，将光标置于 I2 单元格中，单击编辑栏中的"插入函数"按钮，打开"插入函数"对话框，如图 4-11 所示，在"或选择类别"下拉列表中选择"统计"或"全部"选项，在"选择函数"列表中选择"RANK.EQ"函数。

图 4-11 "插入函数"对话框

步骤 12：单击"确定"按钮，打开"函数参数"对话框，将光标置于"Number"文本框中，单击 H2 单元格，此时在"Number"文本框中会自动填入"H2"（也可直接在"Number"文本框中输入"H2"）；将光标置于"Ref"文本框中，再选中 H2:H101 单元格区域，此时在"Ref"文本框中会自动填入"H2:H101"，将光标置于"Ref"文本框中的文字"H2"中间，按 F4 键，"H2"将变为"$H$2"，使用相同的方法把"H101"改为"$H$101"（也可直接在"Ref"文本框中输入"$H$2:$H$101"）；在"Order"文本框中输入"0"（表示降序），如图 4-12 所示，单击"确定"按钮。

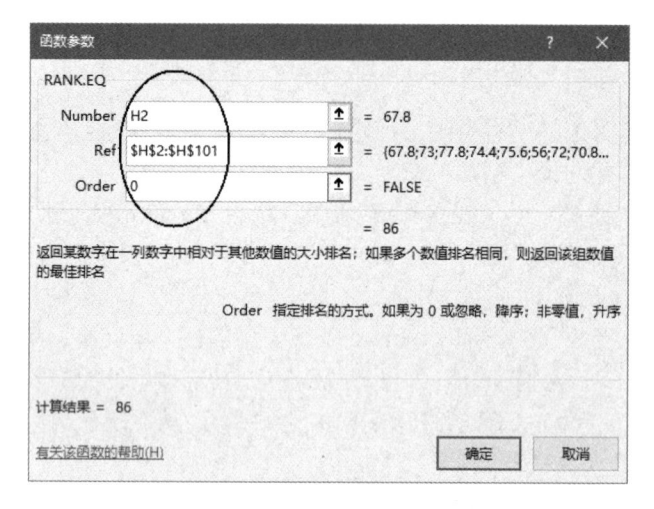

图 4-12 "函数参数"对话框

【说明】也可在 I2 单元格中直接输入公式"=RANK.EQ(H2,$H$2:$H$101,0)"。

步骤 13：双击 I2 单元格的填充柄，从而计算出每个学生的排名，结果如图 4-13 所示。

	A	B	C	D	E	F	G	H	I
1	学号	姓名	英语	汇编语言	电力拖动	电子技术	微机接口	平均成绩	名次
2	130302	刘昌明	72	66	75	68	58	67.80	86
3	130303	叶凯	65	75	80	77	68	73.00	59
4	130304	张超	83	80	72	81	73	77.80	27
5	130305	斯宝玉	66	70	81	75	80	74.40	46
6	130306	董伟	77	62	85	81	73	75.60	40
7	130307	舒跃进	45	58	62	60	55	56.00	100
8	130308	殷锡根	80	71	75	62	72	72.00	66
9	130309	博勒	73	62	81	75	63	70.80	73
10	130310	吴进录	75	65	78	68	55	68.20	83
11	130311	陆蔚兰	68	52	72	62	56	62.00	97
12	132257	瞿贞奇	57	95	42	70	83	69.40	79
13	132856	方佳	97	84	50	88	71	78.00	26
14	133969	马瑞	75	61	70	57	98	72.20	64

图 4-13 "名次"计算结果

步骤 14：单击快速访问工具栏中的"保存"按钮，保存文件。

【典型试题 4-3】

打开素材库中的"典型试题 4-3.xlsx"文件，按下面的操作要求进行操作，并把操作结果存盘。

1. 操作要求

（1）将 Sheet1 复制到 Sheet2 和 Sheet3 中，并将 Sheet1 更名为"档案表"。

(2) 将 Sheet2 第 3 至第 7 行、第 10 行及 B、C 和 D 三列删除。

(3) 将 Sheet3 中的"工资"每人增加 10%。

(4) 将 Sheet3 中"工资"列数据保留两位小数,并降序排列。

(5) 在 Sheet3 表中利用公式统计已婚职工人数,并把数据放入 G2 单元格。

(6) 在 Sheet3 工作表后添加工作表 Sheet4,将"档案表"的 A 到 E 列复制到 Sheet4 中。

(7) 对 Sheet4 表中的数据进行筛选操作,要求只显示"已婚"的,而且工资在 3500 到 4000 之间(含 3500 和 4000)的信息行。

2. 解答

步骤 1:根据操作要求(1),选中 Sheet1 工作表中的全部内容,右击并选择"复制"命令,选中 Sheet2 工作表中的 A1 单元格,右击并选择"粘贴"命令,选中 Sheet3 工作表中的 A1 单元格,再右击并选择"粘贴"命令。

【说明】复制粘贴数据后,"出生年月"所在列的部分单元格显示为"########",这是因为该列不够宽,增加列宽后可正常显示。

微课:典型试题 4-3

步骤 2:右击 Sheet1 工作表标签,选择"重命名"命令,输入新工作表名"档案表"。

步骤 3:根据操作要求(2),在 Sheet2 表中,拖动鼠标选中第 3~7 行,按住 Ctrl 键不松开,再选中第 10 行,右击并选择"删除"命令。拖动鼠标选中 B、C、D 三列,右击并选择"删除"命令。

【说明】删除表中的行或列时,不能按 Delete 键来删除行或列,Delete 键的作用是删除行或列中的数据,而行或列本身不删除。

步骤 4:根据操作要求(3),在 Sheet3 表的 F2 单元格中输入公式"=E2*1.1",双击 F2 单元格的填充柄,然后选中 F2:F101 单元格区域,右击并选择"复制"命令,再选中 E2 单元格,右击并选择"粘贴选项"列表中的"值"命令,如图 4-14 所示,然后删除 F2:F101 单元格区域中的数值。

图 4-14 粘贴选项(值)

步骤 5：根据操作要求（4），在 Sheet3 工作表中，选中 E2:E101 单元格区域，在"开始"选项卡中，单击"数字"组中的"增加小数位数"按钮两次，使得"工资"列数据保留两位小数。

步骤 6：选中 E1 单元格（工资），在"数据"选项卡中，单击"排序和筛选"组中的"降序"按钮，此时表中所有职工已按"工资"降序排列。

步骤 7：根据操作要求（5），在 Sheet3 表的 G2 单元格中，输入公式"=COUNTIF(D2:D101,"已婚")"，计算出已婚职工人数（89）。

步骤 8：根据操作要求（6），单击窗口底部的"新工作表"标签按钮，从而在 Sheet3 工作表后添加工作表 Sheet1，再将 Sheet1 重命名为 Sheet4，在"档案表"中，拖动鼠标选中 A 到 E 列，然后右击并选择"复制"命令，再选中 Sheet4 工作表中的 A1 单元格，右击并选择"粘贴"命令。

步骤 9：根据操作要求（7），在"数据"选项卡中，单击"排序和筛选"组中的"筛选"按钮，此时标题行（第 1 行）中各字段的右侧出现了"自动筛选"下拉按钮。

步骤 10：单击"婚否"下拉按钮，在打开的下拉列表中仅选中"已婚"复选框，如图 4-15 所示；单击"工资"下拉按钮，在打开的下拉列表中选择"数字筛选"→"介于"选项，如图 4-16 所示，打开"自定义自动筛选方式"对话框，在"大于或等于"右侧的文本框中输入"3500"，在"小于或等于"右侧的文本框中输入"4000"，如图 4-17 所示，单击"确定"按钮，此时 Sheet4 工作表中筛选出了"已婚"的，而且工资在 3500 到 4000 之间（含 3500 和 4000）的信息行，如图 4-18 所示。

图 4-15 "婚否"下拉列表   图 4-16 "工资"下拉列表

步骤 11：单击快速访问工具栏中的"保存"按钮，保存文件。

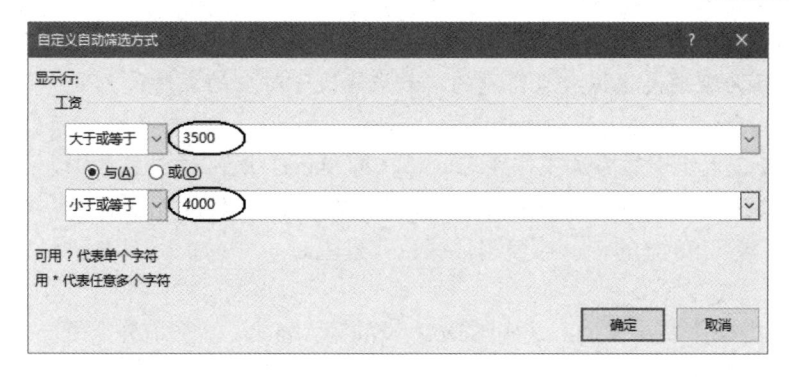

图 4-17 "自定义自动筛选方式"对话框

图 4-18 筛选结果

【典型试题 4-4】

打开素材库中的"典型试题 4-4.xlsx"文件，按下面的操作要求进行操作，并把操作结果存盘。

1. 操作要求

（1）删除 Sheet1 表"平均分"所在行。
（2）求出 Sheet1 表中每位同学的总分并填入"总分"列相应单元格中。
（3）将 Sheet1 表中的 A3:B105 和 I3:I105 区域内容复制到 Sheet2 表的 A1:C103 区域。
（4）将 Sheet2 表中的内容按"总分"列数据降序排列。
（5）在 Sheet1 的"总分"列后增加一列"等级"，要求利用公式计算每位学生的等级。
要求：如果"高等数学"和"大学语文"的平均分大于等于 85，显示"优秀"，否则显示为空。

【说明】显示为空也是根据公式得到的，如果修改了对应的成绩使其平均分大于等于85，则该单元格中的内容能自动变为"优秀"。

（6）在Sheet2工作表后添加工作表Sheet3，将Sheet1复制到Sheet3中。

（7）对Sheet3各科成绩设置条件格式，凡是不及格（小于60分）的，一律显示为红色，加粗；凡是大于等于90分的，一律使用浅绿色背景色。

2．解答

步骤1：根据操作要求（1），选中Sheet1表的第106行（"平均分"所在行），右击并选择"删除"命令。

步骤2：根据操作要求（2），选中Sheet1表的I4单元格，单击"编辑"组中的"求和"按钮Σ，在I4单元格中自动填入了公式"=SUM(C4:H4)"，确认公式无误后，按Enter键，再双击I4单元格的填充柄，从而求出所有学生的总分。

步骤3：根据操作要求（3），先选中Sheet1表中的A3:B105单元格区域，按住Ctrl键不松开，再选中I3:I105单元格区域，右击并选择"复制"命令，然后选中Sheet2表中的A1单元格，右击并选择"粘贴"命令。

步骤4：根据操作要求（4），选中Sheet2表中的C1单元格（总分），在"数据"选项卡中，单击"排序和筛选"组中的"降序"按钮，此时表中所有学生已按"总分"降序排列。

步骤5：根据操作要求（5），在Sheet1表的J3单元格中，输入"等级"，在J4单元格中，输入公式"=IF(AVERAGE(C4:D4)>=85,"优秀","")"，再双击J4单元格的填充柄。

步骤6：根据操作要求（6），单击窗口底部的"新工作表"标签按钮⊕，从而在Sheet2工作表后添加工作表Sheet3，选中Sheet1工作表中的所有内容，然后右击并选择"复制"命令，选中Sheet3工作表中的A1单元格，右击并选择"粘贴"命令。

步骤7：根据操作要求（7），在Sheet3工作表中，选中C4:H105单元格区域（各科成绩），在"开始"选项卡中，单击"样式"组中的"条件格式"下拉按钮，在打开的下拉列表中选择"突出显示单元格规则"→"小于"选项，打开"小于"对话框，在"为小于以下值的单元格设置格式"文本框中输入"60"，在"设置为"下拉列表中选择"自定义格式"选项，如图4-19所示，在打开的"设置单元格格式"对话框的"字体"选项卡中，设置字形为"加粗"，字体颜色为"红色"，如图4-20所示，单击"确定"按钮，返回"小于"对话框，再单击"确定"按钮。

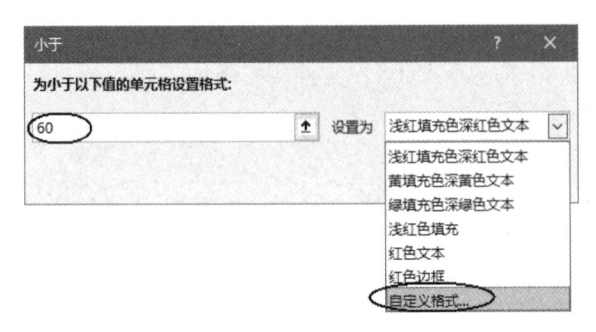

图4-19 "小于"对话框

图 4-20 "设置单元格格式"对话框

步骤 8：选中 C4:H105 单元格区域，再次单击"样式"组中的"条件格式"下拉按钮，在打开的下拉列表中选择"突出显示单元格规则"→"其他规则"选项，打开"新建格式规则"对话框，选中"只为包含以下内容的单元格设置格式"选项，并设置规则为"单元格值，大于或等于，90"，如图 4-21 所示，然后单击"格式"按钮，在打开的"设置单元格格式"对话框的"填充"选项卡中，选择背景色为"浅绿色"，如图 4-22 所示，单击"确定"按钮，返回"新建格式规则"对话框，再单击"确定"按钮，设置条件格式后的结果如图 4-23 所示。

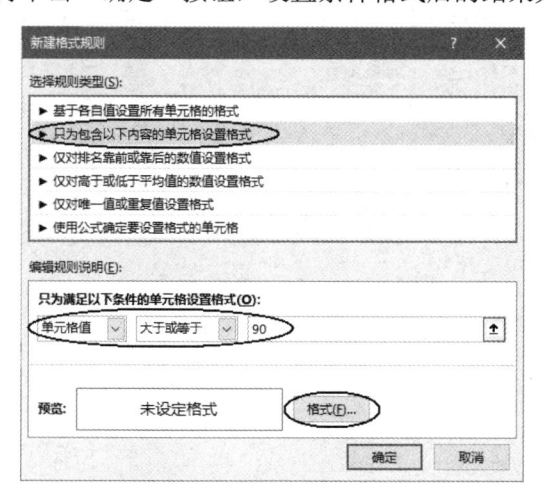

图 4-21 "新建格式规则"对话框

步骤 9：单击快速访问工具栏中的"保存"按钮，保存文件。

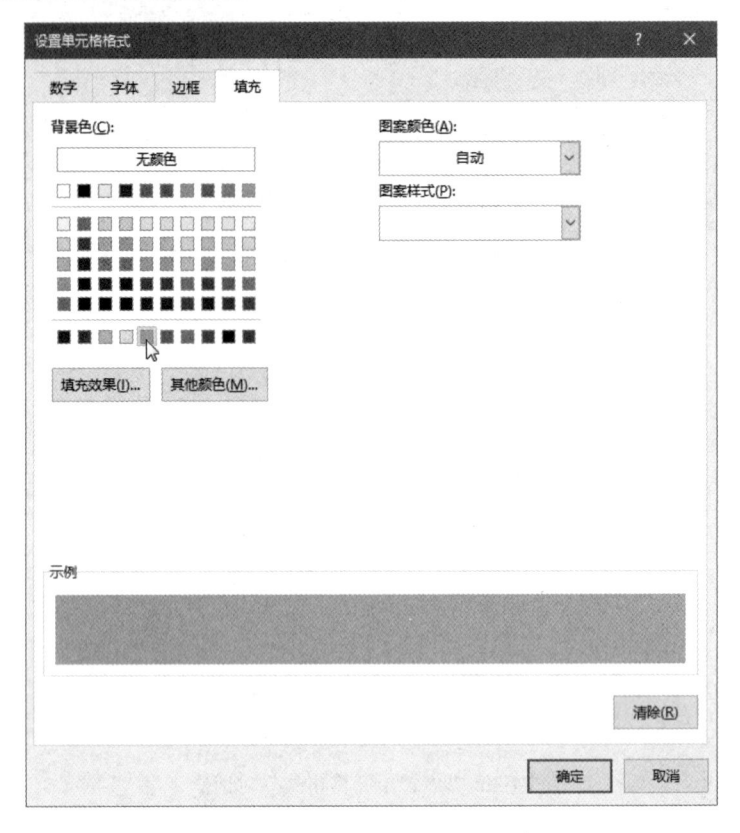

图 4-22 "设置单元格格式"对话框

图 4-23 设置条件格式后的结果

【典型试题 4-5】

打开素材库中的"典型试题 4-5.xlsx"文件,按下面的操作要求进行操作,并把操作结果存盘。

1. 操作要求

(1) 求出 Sheet1 表中每班本周平均每天缺勤人数(小数取 1 位)并填入相应单元格中。

本周平均缺勤人数=本周缺勤总数/5

（2）求出 Sheet1 表中每天实际出勤人数并填入相应单元格中。

（3）在 Sheet1 表后插入 Sheet2，将 Sheet1 表复制到 Sheet2，并重命名 Sheet2 为"考勤表"。

（4）在 Sheet1 表的第 1 行前插入标题行"年级周考勤表"，设置为"隶书、字号 22、加粗、合并 A1 至 M1 单元格及水平居中"。

（5）在 Sheet1 的最后增加一行，"班级"列中文字为"缺勤班数"，利用公式在该行每天的"本日缺勤人数"中统计有缺勤的班级数（例如 C104 的统计值为 71……）。

（6）在"考勤表"工作表后添加工作表 Sheet2，将 Sheet1 的第 2 行（"星期一"等所在行）和第 104 行（"缺勤班数"所在行）复制到 Sheet2。

（7）对 Sheet2，删除 B、D、F、H、J、L、M 列，为周一到周五的缺勤班级数制作三维簇状柱形图，要求：

① 以星期一、星期二等为水平（分类）轴标签。
② 以"缺勤班数"为图例项。
③ 图表标题使用"缺勤班数统计"（不包括引号）。
④ 删除网格线。
⑤ 设置坐标轴选项使其最小值为 0.0。
⑥ 将图表放置于 A4:F15 的区域。

2. 解答

步骤 1：根据操作要求（1），在 Sheet1 工作表的 M3 单元格中输入公式"=(C3+E3+G3+I3+K3)/5"，从而求出"1 班"的本周平均每天缺勤人数（0.40），然后双击 M3 单元格中的填充柄，从而求出每班本周平均每天缺勤人数，再选中 M3:M102 单元格区域，在"开始"选项卡中，单击"数字"组中的"减少小数位数"按钮，使得小数位数保留 1 位。

微课：典型试题 4-5

步骤 2：根据操作要求（2），在 D3 单元格中输入公式"=B3-C3"，双击 D3 单元格的填充柄；在 F3 单元格中输入公式"=B3-E3"，双击 F3 单元格的填充柄；在 H3 单元格中输入公式"=B3-G3"，双击 H3 单元格的填充柄；在 J3 单元格中输入公式"=B3-I3"，双击 J3 单元格的填充柄；在 L3 单元格中输入公式"=B3-K3"，双击 L3 单元格的填充柄。

步骤 3：根据操作要求（3），单击窗口底部的"新工作表"标签按钮，从而在 Sheet1 工作表后添加工作表 Sheet2，选中 Sheet1 工作表中的所有内容，然后右击并选择"复制"命令，选中 Sheet2 工作表中的 A1 单元格，右击并选择"粘贴"命令。重命名 Sheet2 为"考勤表"。

步骤 4：根据操作要求（4），选中 Sheet1 工作表的第 1 行，然后右击并选择"插入"命令，在新插入行的 A1 单元格中输入"年级周考勤表"，并设置其字体格式为"隶书、字号 22、加粗"，选中 A1:M1 单元格区域，然后单击"对齐方式"组中的"合并后居中"按钮。

步骤 5：根据操作要求（5），在 Sheet1 工作表的 A104 单元格中输入"缺勤班级"，在 C104 单元格中输入公式"=COUNTIF(C4:C103,">0")"；在 E104 单元格中输入公式"=COUNTIF(E4:E103,">0")"；在 G104 单元格中输入公式"=COUNTIF(G4:G103,">0")"；在 I104 单元格中输入公式"=COUNTIF(I4:I103,">0")"；在 K104 单元格中输入公式"=COUNTIF(K4:K103,">0")"。

步骤 6：根据操作要求（6），单击窗口底部的"新工作表"标签按钮，从而在"考勤表"工作表后添加工作表 Sheet3，将 Sheet3 重命名为 Sheet2，在 Sheet1 工作表中，选中第 2 行，按住 Ctrl 键不松开，再选中第 104 行，右击并选择"复制"命令，然后选中 Sheet2 表中的 A1 单元格，右击并选择"粘贴"命令。

步骤 7：根据操作要求（7），在 Sheet2 工作表中，选中 B 列，按住 Ctrl 键不松开，再分别选中 D、F、H、J、L、M 列，右击并选择"删除"命令。

步骤 8：选中 A1:F2 单元格区域，在"插入"选项卡中，单击"图表"组中的"插入柱形图或条形图"下拉按钮，在打开的下拉列表中选择"三维簇状柱形图"选项，如图 4-24 所示。

步骤 9：单击选中图表中的标题框（缺勤班级），再次在标题框内单击，此时光标位于"缺勤班级"标题框内，把标题内容改为"缺勤班数统计"。右击图表中的网格线，在弹出的快捷菜单中选择"删除"命令，从而删除网格线。右击垂直坐标轴中的数值，在弹出的快捷菜单中选择"设置坐标轴格式"命令，打开"设置坐标轴格式"对话框，设置"最小值"为 0.0，如图 4-25 所示，单击"关闭"按钮。

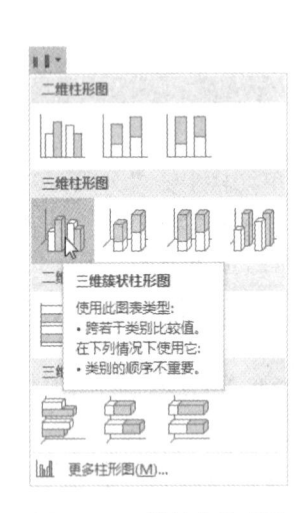

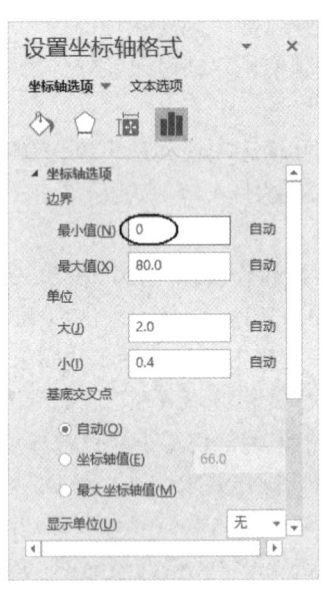

图 4-24　三维簇状柱形图　　　　图 4-25　"设置坐标轴格式"对话框

步骤 10：调整图表的位置和大小，使其位于 A4:F15 单元格区域中，如图 4-26 所示。

步骤 11：单击快速访问工具栏中的"保存"按钮，保存文件。

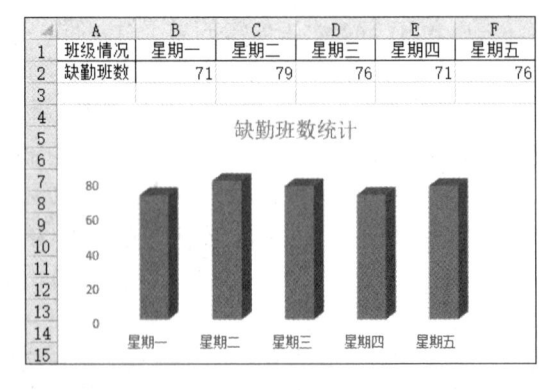

图 4-26　图表结果

【典型试题 4-6】

打开素材库中的"典型试题 4-6.xlsx"文件,按下面的操作要求进行操作,并把操作结果存盘。

1. 操作要求

(1)在 Sheet1 表后插入工作表 Sheet2 和 Sheet3,并将 Sheet1 复制到 Sheet2 和 Sheet3 中。

(2)将 Sheet2 的第 2、4、6、8、10 行及 A 列和 C 列删除。

(3)在 Sheet3 的第 E 列的第一个单元格中输入"总价",并求出对应行相应总价,保留两位小数。(总价=库存量 * 单价)

(4)对 Sheet3 表设置套用表格格式为"白色,表样式浅色 1"格式,各单元格内容水平对齐方式为"居中",各列数据以"自动调整列宽"方式显示,各行数据以"自动调整行高"方式显示。

(5)在 Sheet3 中利用公式统计"单价>25"的货物的"总价"之和,并放入 G2 单元格中。

(6)在 Sheet3 工作表后添加工作表 Sheet4,将 Sheet1 的 A 到 D 列复制到 Sheet4 中。

(7)在 Sheet4 中,以"库存量"为第一关键字(降序)、"单价"为第二关键字(升序)对数据行进行排序。

2. 解答

步骤 1:根据操作要求(1),单击窗口底部的"新工作表"标签按钮⊕两次,于是在 Sheet1 工作表后插入新工作表 Sheet2 和 Sheet3,选中 Sheet1 工作表中的全部内容,右击并选择"复制"命令,然后选中 Sheet2 工作表中的 A1 单元格,右击并选择"粘贴"命令,选中 Sheet3 工作表中的 A1 单元格,右击并选择"粘贴"命令。

微课:典型试题 4-6

步骤 2:根据操作要求(2),在 Sheet2 工作表中,选中第 2 行,按住 Ctrl 键不松开,再分别选中第 4、6、8、10 行,右击并选择"删除"命令。选中 A 列,按住 Ctrl 键不松开,再选中 C 列,右击并选择"删除"命令。

步骤 3:根据操作要求(3),在 Sheet3 工作表的 E1 单元格中,输入"总价",在 E2 单元格中输入公式"=C2*D2",双击 E2 单元格的填充柄。选中 E2:E100 单元格区域,单击"数字"组中的"增加小数位数"按钮 .00 两次,使得"总价"保留两位小数。

步骤 4:根据操作要求(4),选中 A1:E100 单元格区域,单击"样式"组中的"套用表格格式"下拉按钮,在打开的下拉列表中选择"白色,表样式浅色 1"选项。

步骤 5:在"开始"选项卡中,单击"对齐方式"组中的"居中"按钮☰,使得各单元格内容水平对齐。单击"单元格"组中的"格式"下拉按钮,在打开的下拉列表中选择"自动调整行高"选项,如图 4-27 所示,再次单击"单元格"组中的"格式"下拉按钮,在打开的下拉列表中选择"自动调整列宽"选项。

步骤 6:根据操作要求(5),在 Sheet3 的 G2 单元格中,输入公式"=SUMIF(D2:D100,">25",E2:E100)"。

步骤 7:根据操作要求(6),单击窗口底部的"新工作表"标签按钮⊕,从而在 Sheet3 工作表后插入一新工作表 Sheet4。在 Sheet1 工作表中,拖动鼠标选中 A 到 D 列,然后右击并选择"复制"命令,选中 Sheet4 表中的 A1 单元格,右击并选择"粘贴"命令。

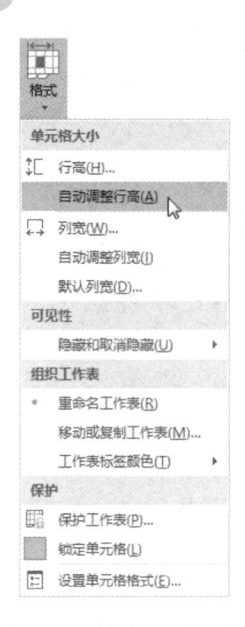

图 4-27 "格式"下拉列表

步骤 8：根据操作要求（7），在"数据"选项卡中，单击"排序和筛选"组中的"排序"按钮，打开"排序"对话框，选择"主要关键字"为"库存量"，"次序"为"降序"，单击对话框中的"添加条件"按钮，选择"次要关键字"为"单价"，"次序"为"升序"，如图 4-28 所示，单击"确定"按钮。排序结果如图 4-29 所示。

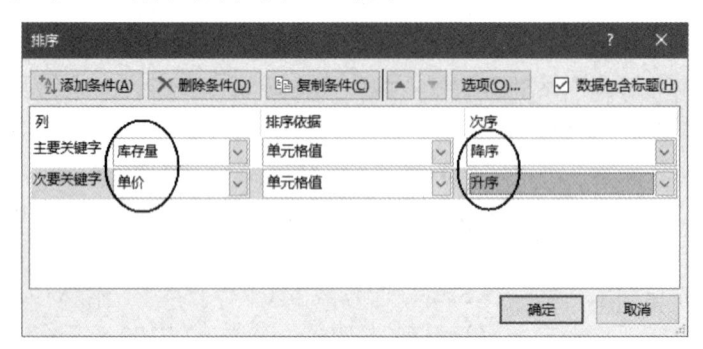

图 4-28 "排序"对话框

	A	B	C	D
1	货号	品名	库存量	单价
2	3012	九芯电缆	302	25
3	3007	七芯电缆	250	28
4	2001	单芯花线	203	21
5	2003	双芯花线	173	22
6	1001	单芯塑线	150	20
7	3001	高频电缆	112	30
8	1102	0.43米SATA硬盘数据线	104	7
9	3354	B型双芯塑线	104	24.2
10	3965	C型1.5米有线电视信号线	104	27
11	2591	多彩整理绑线带	103	11
12	3646	B型漆包线	101	26.4
13	2784	B型七芯电缆	99	30.8
14	1763	B型1.5米有线电视信号线	98	26.25

图 4-29 排序结果

步骤 9：单击快速访问工具栏中的"保存"按钮 ![], 保存文件。

【典型试题 4-7】

打开素材库中的"典型试题 4-7.xlsx"文件，按下面的操作要求进行操作，并把操作结果存盘。

1. 操作要求

（1）在 Sheet1 表前插入工作表 Sheet2 和 Sheet3，使三张工作表次序为 Sheet2、Sheet3 和 Sheet1，并将 Sheet1 复制到 Sheet2 中。

（2）在 Sheet2 第 A 列之前增加一列："学号，0001，0002，0003，…，0100"。

（3）在 Sheet2 第 F 列后增加一列"平均成绩"，在最后一行后增加一行"各科平均"（A102），并求出相应平均值（不包括 G 列）。

（4）将 Sheet2 复制到 Sheet3 中，并对 Sheet2 中的学生按"平均成绩"降序排列（"各科平均"行位置不变）。

（5）在 Sheet3 的第 G 列后增加一列"通过否"，利用公式给出具体通过与否的数据：如果"平均成绩"≥80，则给出文字"通过"，否则给出文字"未通过"（不包括引号）。

（6）在 Sheet1 工作表后添加工作表 Sheet4，将 Sheet3 中除"各科平均"行外的 A 到 H 列复制到 Sheet4 中。

（7）在 Sheet4 中进行分类汇总，按"通过否"统计学生人数（显示在"学号"列），要求先显示通过的学生人数（显示具体的通过学生信息），再显示未通过的学生人数，显示到第 2 级（即不显示具体的学生信息）。

2. 解答

步骤 1：根据操作要求（1），单击窗口底部的"新工作表"标签按钮 ⊕ 两次，于是在 Sheet1 工作表后插入新工作表 Sheet2 和 Sheet3，拖动 Sheet1 工作表标签至 Sheet3 后面，使这 3 张工作表的次序为 Sheet2、Sheet3 和 Sheet1。

步骤 2：选中 Sheet1 工作表中的全部内容，右击并选择"复制"命令，然后选中 Sheet2 工作表中的 A1 单元格，右击并选择"粘贴"命令。

微课：典型试题 4-7

步骤 3：根据操作要求（2），在 Sheet2 工作表选中第 A 列，右击并选择"插入"命令，在新插入列的 A1 单元格中输入"学号"，在 A2 单元格中输入"'0001"（注意：0001 前有单引号），双击 A2 单元格的填充柄。

步骤 4：根据操作要求（3），在 G1 单元格中输入"平均成绩"，在 A102 单元格中输入"各科平均"，选中 G2 单元格，单击"编辑"组中的"求和"下拉按钮 Σ ▼，在打开的下拉列表中选择"平均值"选项，此时在 G2 单元格自动输入了公式"=AVERAGE(C2:F2)"，确认公式无误后，按 Enter 键，得到平均值（74），双击 G2 单元格的填充柄，从而计算出所有学生的"平均成绩"，删除 G102 单元格中的内容。

步骤 5：选中 C102 单元格，单击"编辑"组中的"求和"下拉按钮 Σ ▼，在打开的下拉列表中选择"平均值"选项，此时在 C102 单元格自动输入了公式"=AVERAGE(C2:C101)"，确认公式无误后，按 Enter 键，得到平均值（54.01），拖动 C102 单元格的填充柄至 F102，从而计算出各门课程的平均成绩。

步骤 6：根据操作要求（4），选中 Sheet2 工作表的所有内容，右击并选择"复制"命令，然后选中 Sheet3 工作表中的 A1 单元格，右击并选择"粘贴"命令。在 Sheet2 工作表中，选中

G1 单元格,在"数据"选项卡中,单击"排序和筛选"组中的"降序"按钮,此时表中所有学生已按"平均成绩"降序排列("各科平均"行位置不变)。

步骤 7:根据操作要求(5),在 Sheet3 的 H1 单元格中输入"通过否",在 H2 单元格中输入公式"=IF(G2>=80,"通过","未通过")",双击 H2 单元格的填充柄。

步骤 8:根据操作要求(6),单击窗口底部的"新工作表"标签按钮,于是在 Sheet1 工作表后插入新工作表 Sheet4,选中 Sheet3 工作表中的 A1:H101 单元格区域,右击并选择"复制"命令,然后选中 Sheet4 工作表中的 A1 单元格,右击并选择"粘贴"命令。

步骤 9:根据操作要求(7),在 Sheet4 工作表中,选中 H1 单元格,在"数据"选项卡中,单击"排序和筛选"组中的"升序"按钮,从而按"通过否"进行升序排序("通过"在前,"未通过"在后)。

步骤 10:在"数据"选项卡中,单击"分级显示"组中的"分类汇总"按钮,打开"分类汇总"对话框,如图 4-30 所示,选择"分类字段"为"通过否","汇总方式"为"计数",在"选定汇总项"列表框中,仅选中"学号"复选框(取消选中"通过否"复选框),单击"确定"按钮。

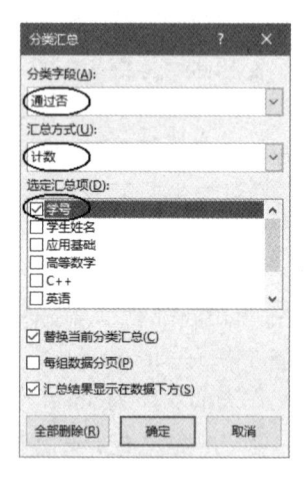

图 4-30 "分类汇总"对话框

步骤 11:单击数据表左上角的分级显示符号,隐藏分类汇总表中的明细数据行,再单击数据表左侧的第一个按钮,显示具体的通过学生信息,分类汇总结果如图 4-31 所示。

步骤 12:单击快速访问工具栏中的"保存"按钮,保存文件。

图 4-31 分类汇总结果

【典型试题 4-8】

打开素材库中的"典型试题 4-8.xlsx"文件，按下面的操作要求进行操作，并把操作结果存盘。

1. 操作要求

（1）求出 Sheet1 表中每项产品全年平均月销售量并填入"平均"行相应单元格中（小数取 2 位）。

（2）将 Sheet1 复制到 Sheet2 中，求出 Sheet2 中每月总销售量并填入"总销售量"列相应单元格中。

（3）将 Sheet2 表内容按总销售量降序排列（不包括平均数）。

（4）将 Sheet1 表套用表格格式为"红色，表样式中等深浅 3"（不包括文字"2012 年全年销售量统计表"）。

（5）在 Sheet2 工作表总销售量右侧增加 1 列，在 Q3 填入"超过 85 的产品数"，并统计各月销量超过 85（含 85）的产品品种数填入 Q 列相应单元格。

（6）在 Sheet2 工作表后添加工作表 Sheet3，将 Sheet2 的 A3:A15 及 P3:P15 的单元格内容复制到 Sheet3。

（7）对 Sheet3 工作表，对月份采用自定义序列"一月""二月"、……次序排序。

（8）对 Sheet3 中的数据，产生二维簇状柱形图。其中"一月""二月"等为水平（分类）轴标签。"总销售量"为图例项，并要求添加对数趋势线。图表位置置于 D1:K14 区域。

2. 解答

步骤 1：根据操作要求（1），选中 Sheet1 工作表的 B16 单元格，在"开始"选项卡中，单击"编辑"组中的"求和"下拉按钮 Σ ▼，在打开的下拉列表中选择"平均值"选项，此时在 B16 单元格自动输入了公式"=AVERAGE(B4:B15)"，确认公式无误后，按 Enter 键，得到平均值（92.17），拖动 B16 单元格的填充柄至 O16，从而计算出所有产品的月销量平均值。

微课：典型试题 4-8

步骤 2：选中 B16:O16 单元格区域，通过单击"数字"组中的"增加小数位数"按钮，使得"平均"值保留两位小数。

步骤 3：根据操作要求（2），选中 Sheet1 工作表中的全部内容，右击并选择"复制"命令，然后选中 Sheet2 工作表中的 A1 单元格，右击并选择"粘贴"命令。选中 Sheet2 工作表中的 P4 单元格，单击"编辑"组中的"求和"按钮 Σ，在 P4 单元格中自动填入了公式"=SUM(B4:O4)"，确认公式无误后，按 Enter 键，从而计算出该月份的总销售量（1180），再拖动 P4 单元格的填充柄到 P15 单元格，从而求出所有月份的总销售量。

步骤 4：根据操作要求（3），选中 Sheet2 工作表中的 P3 单元格（总销售量），在"数据"选项卡中，单击"排序和筛选"组中的"降序"按钮 Z↓，此时表中所有月份已按"总销售量"降序排列（不包括平均数）。

步骤 5：根据操作要求（4），选中 Sheet1 工作表中的 A3:P16 单元格区域，在"开始"选项卡中，单击"样式"组中的"套用表格格式"下拉按钮，在打开的下拉列表中选择"红色，表样式中等深浅 3"选项。

步骤 6：根据操作要求（5），在 Sheet2 工作表的 Q3 单元格中输入"超过 85 的产品数"，在 Q4 单元格中输入公式"=COUNTIF(B4:O4,">=85")",于是计算出该月销量超过 85(含 85)的产品品种数(10);双击 Q4 单元格的填充柄,于是计算出其他月销量超过 85(含 85)的产品品种数。

步骤 7:根据操作要求(6),单击窗口底部的"新工作表"标签按钮⊕,从而在 Sheet2 工作表后插入新工作表 Sheet3。在 Sheet2 工作表中,选中 A3:A15 单元格区域,按住 Ctrl 键不松开,再选中 P3:P15 单元格区域,右击并选择"复制"命令,选中 Sheet3 工作表中 A1 单元格,右击并选择"粘贴"命令。

步骤 8:根据操作要求(7),选中 Sheet3 工作表中的 A1:B13 单元格区域,在"数据"选项卡中,单击"排序和筛选"组中的"排序"按钮,打开"排序"对话框,如图 4-32 所示,选择"主要关键字"为"月份",在"次序"下拉列表中选择"自定义序列"选项。

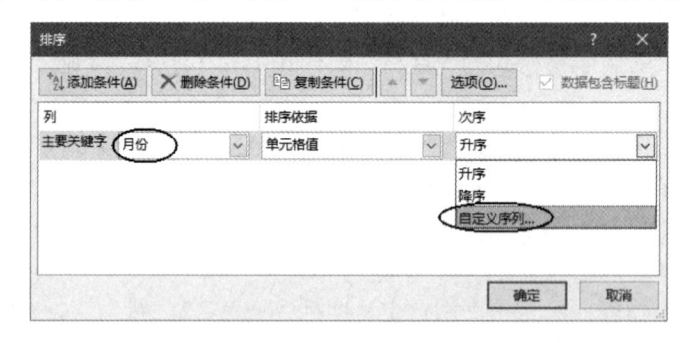

图 4-32 "排序"对话框

步骤 9:在打开的"自定义序列"对话框的左侧窗格中,选中自定义序列"一月,二月,三月,……"选项,如图 4-33 所示,单击"确定"按钮,返回到"排序"对话框,再单击"确定"按钮,此时"月份"列中的数据已按自定义序列"一月,二月,三月,……"次序排序。

图 4-33 "自定义序列"对话框

步骤 10:根据操作要求(8),选中 Sheet3 工作表中的 A1:B13 单元格区域,在"插入"选项卡中,单击"图表"组中的"柱形图"下拉按钮,在打开的下拉列表中的"二维柱形图"区域中选择"簇状柱形图"选项,如图 4-34 所示。

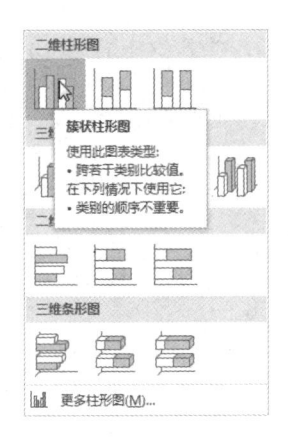

图 4-34 二维簇状柱形图

步骤 11：右击新插入的图表中央的"柱形"图块，在弹出的快捷菜单中选择"添加趋势线"命令，如图 4-35 所示，打开"设置趋势线格式"对话框，选中其中的"对数"单选按钮，如图 4-36 所示，单击"关闭"按钮。

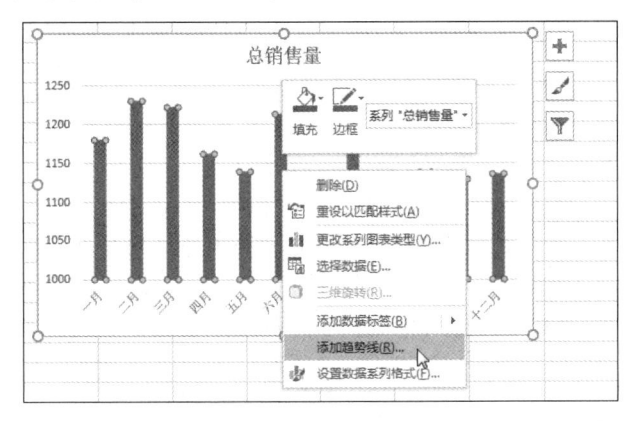

图 4-35 添加趋势线

图 4-36 "设置趋势线格式"对话框

步骤 12：调整图表的位置和大小，使其位于 D1:K14 单元格区域中，如图 4-37 所示。

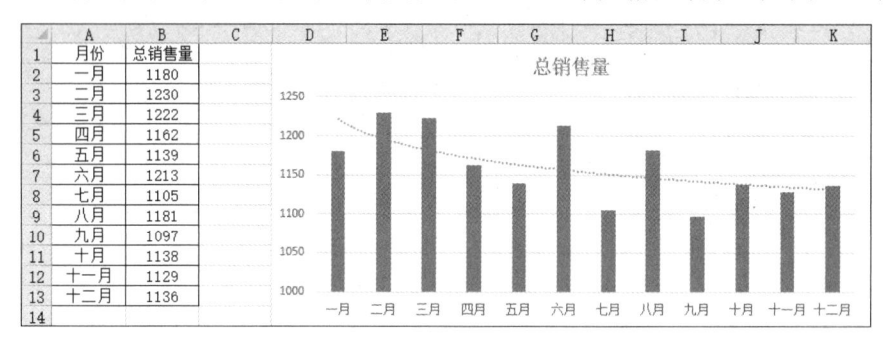

	A	B
1	月份	总销售量
2	一月	1180
3	二月	1230
4	三月	1222
5	四月	1162
6	五月	1139
7	六月	1213
8	七月	1105
9	八月	1181
10	九月	1097
11	十月	1138
12	十一月	1129
13	十二月	1136

图 4-37　图表结果

步骤 13：单击快速访问工具栏中的"保存"按钮，保存文件。

【典型试题 4-9】

打开素材库中的"典型试题 4-9.xlsx"文件，按下面的操作要求进行操作，并把操作结果存盘。

1. 操作要求

（1）将 Sheet1 复制到 Sheet2 和 Sheet3 中，并将 Sheet1 更名为"材料表"。

（2）将 Sheet3 中"物质编号"和"物质名称"分别改为"编号"和"名称"，为"比重"（D1 单元格）添加批注，文字是"15.6 至 21℃"。并将所有比重等于 1 的行删除。

（3）在 Sheet2 中的 A90 单元格中输入"平均值"，并求出 D、E 两列相应的平均值。

（4）在 Sheet2 表的第 1 行前插入标题行"常用液体、固体、气体比重-比热表"，并设置为"楷体，字号 20，合并 A1 至 E1 单元格，及水平对齐方式为居中"，并设置 A 列至 E 列的列宽为 12。

（5）在 Sheet2 中，利用公式统计液态物质种类数，并把统计数据放入 G1 单元格。

（6）在 Sheet3 工作表后添加工作表 Sheet4，将"材料表"复制到 Sheet4 中。

（7）对 Sheet4 采用高级筛选，筛选出比重在 1～1.5 之间（含 1 和 1.5），或比热大于等于 4.0 的数据行。

2. 解答

步骤 1：根据操作要求（1），选中 Sheet1 工作表中的全部内容，右击并选择"复制"命令，选中 Sheet2 工作表中的 A1 单元格，右击并选择"粘贴"命令，选中 Sheet3 工作表中的 A1 单元格，再右击并选择"粘贴"命令。

步骤 2：右击 Sheet1 工作表标签，选择"重命名"命令，输入新工作表名"材料表"。

微课：典型试题 4-9

步骤 3：根据操作要求（2），在 Sheet3 工作表中，修改 A1 单元格的内容为"编号"，修改 B1 单元格的内容为"名称"，选中 D1 单元格（比重），在"审阅"选项卡中，单击"批注"组中的"新建批注"按钮，在"批注"框中输入批注文字"15.6℃至 21℃"，如图 4-38 所示。

【说明】输入批注文字"15.6℃至 21℃"中的"℃"时，可在"插入"选项卡中，单击"符号"组中的"符号"按钮Ω，在打开的"符号"对话框中找到并选中符号"℃"，如图 4-39

所示，再单击"插入"按钮。

图 4-38 添加批注

图 4-39 "符号"对话框

步骤 4：选中 D1 单元格（比重），在"数据"选项卡中，单击"排序和筛选"组中的"筛选"按钮，此时标题行（第 1 行）中各字段的右侧出现了"自动筛选"下拉按钮 ▼。单击 D1 单元格（比重）右侧的"自动筛选"下拉按钮，在打开的下拉列表中选择"数字筛选"→"等于"选项，打开"自定义自动筛选方式"对话框，在"等于"右侧的文本框中输入"1"，如图 4-40 所示，单击"确定"按钮，此时窗口中筛选出了"比重"等于 1 的行（有 3 行）。

图 4-40 "自定义自动筛选方式"对话框

步骤 5：选中筛选出来的 3 行内容，右击并选择"删除"命令，从而删除筛选出来的 3 行内容，再单击 D1 单元格（比重）右侧的"自动筛选"下拉按钮，在打开的下拉列表中选中"全选"复选框,如图 4-41 所示,单击"确定"按钮,再在"数据"选项卡中单击"排序和筛选"组中的"筛选"按钮,取消自动筛选。

图 4-41 "自动筛选"下拉列表

步骤 6:根据操作要求(3),在 Sheet2 工作表的 A90 单元格中,输入"平均值",然后选中 D90 单元格,在"开始"选项卡中,单击"编辑"组中的"求和"下拉按钮 Σ▼,在打开的下拉列表中选择"平均值"选项,此时在 D90 单元格中自动输入了公式"=AVERAGE(D2:D89)",确认公式无误后,按 Enter 键,得到"比重"的平均值(1.667841),拖动 D90 单元格的填充柄至 E90,从而计算出"比热"的平均值(2.161136)。

步骤 7:根据操作要求(4),在 Sheet2 工作表中,选中第 1 行,右击并选择"插入"命令,在新插入行的 A1 单元格中,输入标题内容"常用液体、固体、气体比重-比热表",并设置其字体格式为"楷体,字号 20",再选中 A1:E1 单元格区域,在"开始"选项卡中,单击"对齐方式"组中的"合并后居中"按钮 。

步骤 8:选中 A 列至 E 列,右击并选择"列宽"命令,打开"列宽"对话框,如图 4-42 所示,设置"列宽"为 12,单击"确定"按钮。

图 4-42 "列宽"对话框

步骤 9:根据操作要求(5),在 Sheet2 工作表的 G1 单元格中,输入公式"=COUNTIF(C3:C90,"液")",从而计算出液态物质种类数(53)。

步骤 10:根据操作要求(6),单击窗口底部的"新工作表"标签按钮 ,从而在 Sheet3 工作表后插入新工作表 Sheet1,再将 Sheet1 重命名为 Sheet4,选中"材料表"工作表中的全部内容后，右击并选择"复制"命令，然后选中 Sheet4 工作表中的 A1 单元格，右击并选择"粘贴"命令。

步骤 11：根据操作要求（7），在 Sheet4 工作表的 G1:I3 单元格区域中，输入如图 4-43 所示的高级筛选条件，然后选中 A1:E89 单元格区域，在"数据"选项卡中，单击"排序和筛选"组中的"高级"按钮，打开"高级筛选"对话框，如图 4-44 所示，"列表区域"文本框中已自动填入数据清单所在的单元格区域"$A$1:$E$89"。

步骤 12：将光标置于"条件区域"文本框内，再用鼠标拖选前面创建的高级筛选条件所在的单元格区域 G1:I3，"条件区域"文本框内会自动填入该区域的绝对地址，如图 4-45 所示，单击"确定"按钮，高级筛选的结果如图 4-46 所示。

图 4-43　设置高级筛选条件

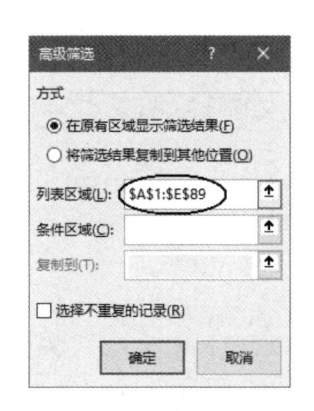

图 4-44　"高级筛选"对话框

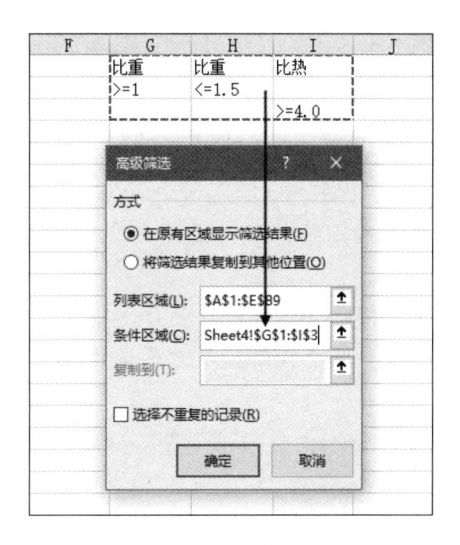

图 4-45　设置"条件区域"

图 4-46　高级筛选的结果

步骤 13：单击快速访问工具栏中的"保存"按钮，保存文件。

【典型试题 4-10】

打开素材库中的"典型试题 4-10.xlsx"文件，按下面的操作要求进行操作，并把操作结果存盘。

1. 操作要求

（1）将 Sheet1 表中内容复制到 Sheet2 表中，并将 Sheet2 表更名为"工资表"。

（2）求出"工资表"中"应发工资"和"实发工资"数据并填入相应的单元格中。

（应发工资=基本工资+岗位津贴+工龄津贴+奖励工资）

（实发工资=应发工资-应扣工资）

（3）求出"工资表"中除"编号"和"姓名"外其他栏目的平均数（小数取 2 位），并填入相应的单元格中。

（4）将"工资表"中每个职工内容按"应发工资"升序排列（不包括平均数所在行），并将应发工资最低职工的所有内容的字体颜色用蓝色表示。

（5）在"工资表"中，利用公式统计 4000≤实发工资≤4100 的人数，并存入 K2 单元格，并设置 K2 单元格的格式为"常规"。

（6）在"工资表"后添加工作表 Sheet2，将"工资表"中的 A 列到 I 列的内容复制到 Sheet2 中。

（7）对 Sheet2 工作表启用筛选，筛选出姓"李"或姓"陈"的且基本工资大于等于 3100 的数据行。其中筛选出姓"李"或姓"陈"，要求采用自定义筛选方式。

2. 解答

步骤 1：根据操作要求（1），选中 Sheet1 工作表中的全部内容，右击并选择"复制"命令，选中 Sheet2 工作表中的 A1 单元格，右击并选择"粘贴"命令。

步骤 2：右击 Sheet2 工作表标签，选择"重命名"命令，输入新工作表名"工资表"。

微课：典型试题 4-10

步骤 3：根据操作要求（2），在"工资表"的 G3 单元格中输入公式"=C3+D3+E3+F3"，拖动 G3 单元格的填充柄至 G102 单元格，计算出所有职工的"应发工资"。在 I3 单元格中输入公式"=G3-H3"，拖动 I3 单元格的填充柄至 I102 单元格，计算出所有职工的"实发工资"。

步骤 4：根据操作要求（3），选中 C103 单元格，单击"编辑"组中的"求和"下拉按钮 Σ▼，在打开的下拉列表中选择"平均值"选项，此时在 C103 单元格自动输入了公式"=AVERAGE(C3:C102)"，确认公式无误后，按 Enter 键，得到平均值（3523.35），拖动 C103 单元格的填充柄至 I103 单元格，从而计算出相应栏目的平均数。

步骤 5：选中 C103:I103 单元格区域，通过单击"数字"组中的"增加小数位数"按钮，使得平均数保留两位小数。

步骤 6：根据操作要求（4），选中 A2:I102 单元格区域，在"数据"选项卡中，单击"排序和筛选"组中的"排序"按钮，打开"排序"对话框，如图 4-47 所示，选择"主要关键字"为"应发工资"，"次序"为"升序"，单击"确定"按钮后，表中内容已按"应发工资"升序排列（不包括平均数所在行）。

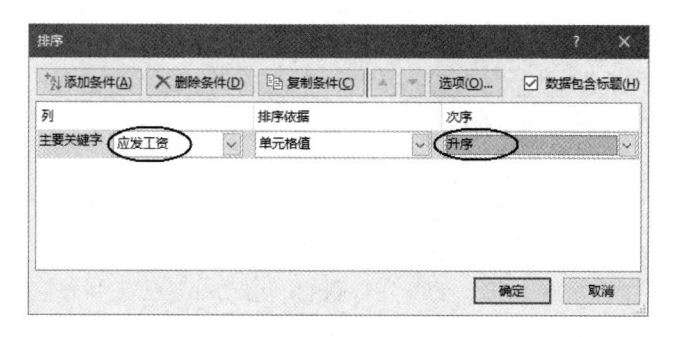

图 4-47 "排序"对话框

步骤 7：选中 A3:I3 单元格区域（应发工资最低的职工的所有内容），在"开始"选项卡中，单击"字体"组中的"字体颜色"下拉按钮 A ，在打开的下拉列表中选择"蓝色"，如图 4-48 所示，此时，应发工资最低的职工的所有内容的字体颜色已用蓝色显示。

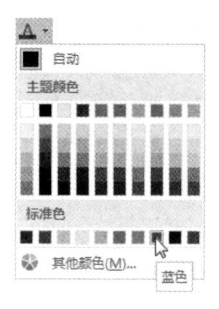

图 4-48 "字体颜色"下拉列表

步骤 8：根据操作要求（5），在 K2 单元格中，输入公式"=COUNTIF(I3:I102,">=4000")-COUNTIF(I3:I102,">4100")"，从而统计出 4000≤实发工资≤4100 的人数（9.00）。

步骤 9：选中 K2 单元格后，右击并选择"设置单元格格式"命令，打开"设置单元格格式"对话框，在"数字"选项卡的"分类"列表框中选中"常规"选项，如图 4-49 所示，单击"确定"按钮后，K2 单元格中的内容由"9.00"变为"9"。

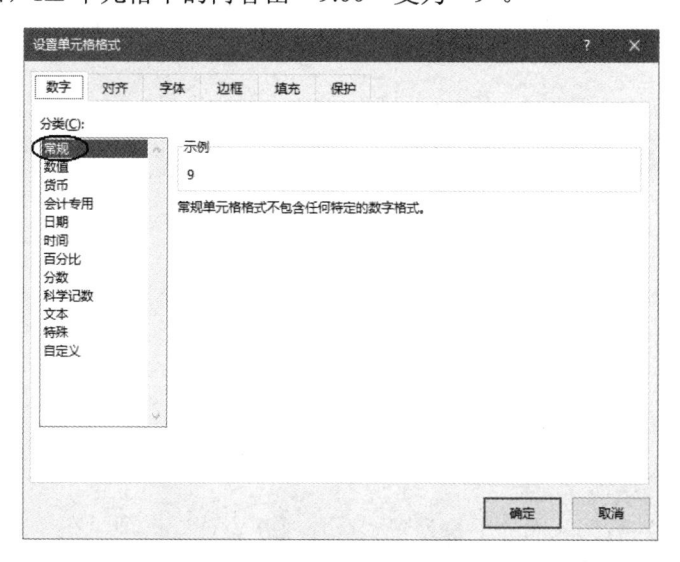

图 4-49 "设置单元格格式"对话框

步骤 10：根据操作要求（6），单击窗口底部的"新工作表"标签按钮，从而在"工资表"后插入新工作表 Sheet2。选中"工资表"中的 A 列到 I 列，右击并选择"复制"命令，然后选中 Sheet2 工作表中的 A1 单元格，右击并选择"粘贴"命令。

步骤 11：根据操作要求（7），在 Sheet2 工作表中，选中 C2 单元格（基本工资），在"数据"选项卡中，单击"排序和筛选"组中的"筛选"按钮，此时标题行（第 2 行）中各字段的右侧出现了"自动筛选"下拉按钮。

步骤 12：单击 C2 单元格（基本工资）右侧的"自动筛选"下拉按钮，在打开的下拉列表中选择"数字筛选"→"大于或等于"选项，打开"自定义自动筛选方式"对话框，在"大于或等于"右侧的文本框中输入"3100"，如图 4-50 所示，单击"确定"按钮，此时窗口中筛选出了"基本工资"大于或等于 3100 的数据行。

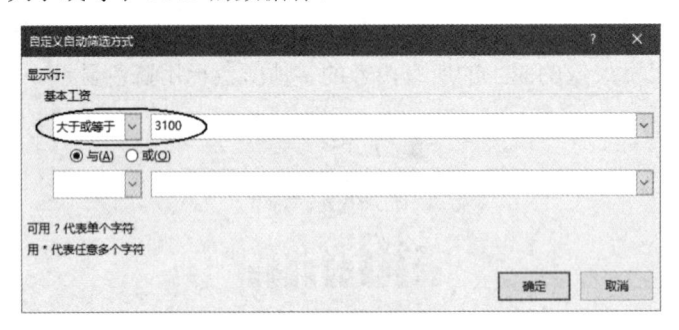

图 4-50 "自定义自动筛选方式"对话框

步骤 13：单击 B2 单元格（姓名）右侧的"自动筛选"下拉按钮，在打开的下拉列表中选择"文本筛选"→"自定义筛选"选项，如图 4-51 所示，打开"自定义自动筛选方式"对话框。

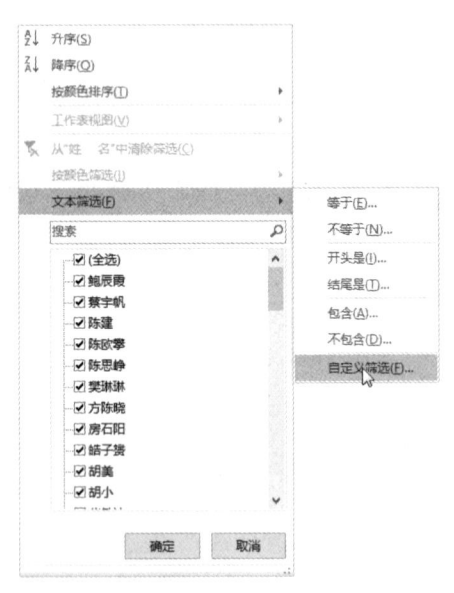

图 4-51 "自动筛选"下拉列表

步骤 14：在"姓名"下面的下拉列表中选择"开头是"选项，在其右侧的文本框中输入"李"，选中下面的"或"单选按钮，再在下面的下拉列表中选择"开头是"选项，在其右侧的文本框中输入"陈",如图 4-52 所示,单击"确定"按钮。筛选结果如图 4-53 所示。

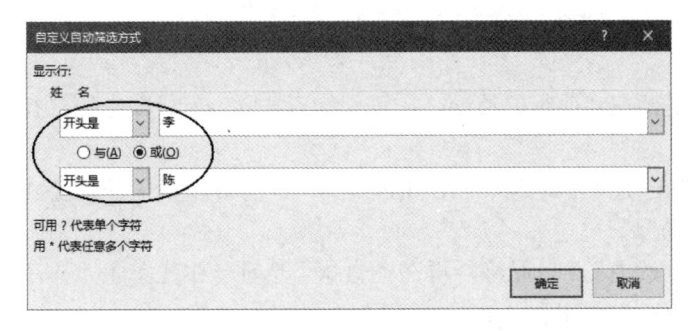

图 4-52 "自定义自动筛选方式"对话框

图 4-53 筛选结果

步骤 15:单击快速访问工具栏中的"保存"按钮，保存文件。

4.2 练习试题

【练习试题 4-1】

打开素材库中的"练习试题 4-1.xlsx"文件,按下面的操作要求进行操作,并把操作结果存盘。

1. 操作要求

(1)将 Sheet1 复制到 Sheet2 中,并将 Sheet1 更名为"销售报表"。

(2)在 Sheet2 第 6 行后增加一行:"计算机病毒,50,80,40,20,45"。

(3)在 Sheet2 的 G2 单元格中输入"小计",A126 单元格中输入"合计",求出第 G 列和第 126 行有关统计值（G126 单元格不计算）。

(4)将 Sheet2 复制到 Sheet3,在 Sheet3 中对各种书按小计值降序排列（"合计"行位置不变）。

(5)在 Sheet2 中利用公式统计周销售量在 650 以上（含 650）的图书种类数,并把数据放入 J2 单元格。

(6)在 Sheet3 工作表后添加工作表 Sheet4,将 Sheet2 中第 2 行和"合计"行复制到 Sheet4 中。

(7)对于 Sheet4,删除"小计"列及右边各列,在 A1 单元格中输入"图书"（不包括引号）。对星期一到星期五的数据,生成"三维饼图",要求:

① 图例项为"星期一、星期二、……、星期五"（图例项位置默认）。

② 图表标题改为"图书合计",并添加数据标签。

③ 数据标签格式为值和百分比（如：1234，15%）。

④ 将图表置于 A6:G20 的区域。

2. 操作提示

（1）插入新行是插在当前行的前面，在第 6 行后插入一行，即在第 7 行前插入一行。

（2）"小计"值的统计公式为"=SUM(B3:F3)"，"合计"值的统计公式为"=SUM(B3:B125)"。

（3）排序时，先选中 G2 单元格，再在"数据"选项卡中，单击"排序和筛选"组中的"降序"按钮 Z↓A。

（4）周销售量在 650 以上（含 650）的图书种类数的统计公式为"=COUNTIF(G3:G125,">=650")"。

（5）选择不连续的行时，要按住 Ctrl 键。

（6）生成"三维饼图"时，要先选中 A1:F2 单元格区域；添加数据标签时，右击图表中的某个图块，在弹出的快捷菜单中选择"添加数据标签"命令；设置数据标签的格式时，右击图表中的某个数据标签（数值），在弹出的快捷菜单中选择"设置数据标签格式"命令，在打开的对话框中选中"值"和"百分比"复选框。

微课：练习试题 4-1

【练习试题 4-2】

打开素材库中的"练习试题 4-2.xlsx"文件，按下面的操作要求进行操作，并把操作结果存盘。

1. 操作要求

（1）求出 Sheet1 表中每个月的合计数并填入相应单元格中。

（2）将 Sheet1 复制到 Sheet2 中。

（3）求出 Sheet2 表中每个国家的月平均失业人数（小数取 2 位）填入相应单元格中。

（4）将 Sheet1 表的 A3:A15 和 L3:L15 区域的各单元格"水平居中"及"垂直居中"。

（5）在 Sheet2 表的"月平均"后增加一行"平均情况"（A17 单元格），该行各对应单元格内容为：如果月平均失业人数>5 万，则显示"高"，否则显示"低"（不包括引号）。要求利用公式。

（6）在 Sheet2 工作表后添加工作表 Sheet3，将 Sheet1 的第 3 行到第 15 行复制到 Sheet3 中 A1 开始的区域。

（7）对 Sheet3 的 B2:K13 区域，设置条件格式：对于数值小于 1 的单元格，使用红、绿、蓝（100、255、100）颜色的背景色填充；对于数值大于等于 7 的，数据使用红色加粗效果。

2. 操作提示

（1）合计数的计算公式为"=SUM(B4:K4)"。

（2）月平均失业人数的计算公式为"=AVERAGE(B4:B15)"。

（3）选择不连续的行或列时，要按住 Ctrl 键；在"开始"选项卡的"对齐方式"组中单击"居中"按钮≡和"垂直居中"按钮≡，可设置单元格"水平居中"及"垂直居中"。

（4）"平均情况"的计算公式为"=IF(B16>5,"高","低")"。

微课：练习试题 4-2

(5)设置数值大于等于 7 的数据的条件格式时,要在"条件格式"下拉列表中选择"突出显示单元格规则"→"其他规则"选项,在打开的"新建格式规则"对话框中,选中"只为包含以下内容的单元格设置格式"选项,并设置规则为"单元格值,大于或等于,7",再单击"格式"按钮,在打开的"设置单元格格式"对话框的"字体"选项卡中,设置颜色为"红色",字形为"加粗"。

【练习试题 4-3】

打开素材库中的"练习试题 4-3.xlsx"文件,按下面的操作要求进行操作,并把操作结果存盘。

1. 操作要求

(1)将 Sheet1 复制到 Sheet2 中,并将 Sheet1 更名为"进货单"。
(2)将 Sheet2 中"名称""单价"和"货物量"三列复制到 Sheet3 中。
(3)对 Sheet3 中的内容按"单价"升序排列。
(4)将 Sheet2 中的"波波球"的"单价"改为 38.5,并重新计算"货物总价"。
(5)在 Sheet2 中,利用公式统计单价低于 50 元(不含 50 元)的货物种类数,并把数据存入 I2 单元格。
(6)在 Sheet3 工作表后添加工作表 Sheet4,将 Sheet2 的 A 到 F 列复制到 Sheet4 中。
(7)对 Sheet4,设置 B 列宽度为 28,所有行高为"自动调整行高";对"货物总价"列设置条件格式:凡是小于 10 000 的,一律显示为红色;凡是大于等于 100 000 的,一律填充黄色背景色。

2. 操作提示

(1)选择不连续的行或列时,要按住 Ctrl 键。
(2)按"单价"升序排列时,先选中 B1 单元格(单价),再在"数据"选项卡中,单击"排序和筛选"组中的"升序"按钮↓。
(3)"货物总价"的计算公式为"=D44*E44"。
(4)单价低于 50 元(不含 50 元)的货物种类数的统计公式为"=COUNTIF(D2:D105,"<50")"。
(5)在"开始"选项卡的"单元格"组的"格式"下拉列表中,可设置"列宽"和"自动调整行高"。
(6)设置数值小于 10 000 的数据的条件格式时,先选中 F2:F105 单元格区域,再在"条件格式"下拉列表中选择"突出显示单元格规则"→"小于"选项,打开"小于"对话框,在左侧的文本框中输入"10 000",在"设置为"下拉列表中选择"自定义格式"选项,在打开的"设置单元格格式"对话框中设置字体颜色为"红色"后,单击"确定"按钮返回"小于"对话框,再单击"确定"按钮。
(7)设置数值大于等于 100 000 的数据的条件格式时,要在"条件格式"下拉列表中选择"突出显示单元格规则"→"其他规则"选项,在打开的"新建格式规则"对话框中,选中"只为包含以下内容的单元格设置格式"选项,并设置规则为"单元格值,大于或等于,100 000",再单击"格式"按钮,在打开的"设置单元格格式"对话框的"填充"选项卡中,设置背景色为"黄色"。

【练习试题 4-4】

打开素材库中的"练习试题 4-4.xlsx"文件，按下面的操作要求进行操作，并把操作结果存盘。

1. 操作要求

（1）将 Sheet1 复制到 Sheet2 和 Sheet3 中，并将 Sheet1 更名为"出货单"。

（2）将 Sheet3 表的第 5 至第 7 行及"规格"列删除。

（3）将 Sheet3 中单价低于 50（不含 50）的商品的单价上涨 10%（小数位取两位），将上涨后的单价放入"调整价"列，根据"调整价"重新计算相应的"货物总价"（小数位取两位）。

（4）将 Sheet3 表中的数据按"货物量"降序排列。

（5）在 Sheet2 的 G 列后增加一列"货物量估算"，要求利用公式统计每项货物属于量多，还是量少。条件是：如果货物量≥100，则显示"量多"，否则显示"量少"。

（6）在 Sheet3 工作表后添加工作表 Sheet4 和 Sheet5，将"出货单"的 A 到 G 列复制到 Sheet4 和 Sheet5 中。

（7）对于 Sheet4：删除"调整价"列，进行筛选操作，筛选出单价最高的 30 项。

（8）对于 Sheet5：进行筛选操作，筛选出名称中含有"垫"（不包括引号）字的商品。

2. 操作提示

（1）删除行或列时，不能使用 Delete 按键来删除，要使用"删除"命令。

（2）上涨 10%：先筛选出单价低于 50（不含 50）的商品，再计算"调整价"（D2=C2*1.1）和"货物总价"（F2=D2*E2），设置"调整价"和"货物总价"保留两位小数后，取消"筛选"功能。

微课：练习试题 4-4

（3）按"货物量"降序排列时，先选中 E1 单元格（货物量），再在"数据"选项卡中，单击"排序和筛选"组中的"降序"按钮 Z↓A。

（4）每项货物属于"量多"还是"量少"的判断公式为"=IF(F2>=100,"量多","量少")"。

（5）筛选出单价最高的 30 项：先进行自动筛选，再单击"单价"（D1）右侧的下拉按钮，在打开的下拉列表中选择"数字筛选"→"10 个最大的值"选项，在打开的"自动筛选前 10 个"对话框中，设置显示"最大，30，项"，单击"确定"按钮。

（6）筛选出名称中含有"垫"字的商品：先进行自动筛选，再单击"名称"（B1）右侧的下拉按钮，在打开的下拉列表中选择"文本筛选"→"包含"选项，在打开的"自定义自动筛选方式"对话框中，设置"名称"为"包含，垫"，单击"确定"按钮。

【练习试题 4-5】

打开素材库中的"练习试题 4-5.xlsx"文件，按下面的操作要求进行操作，并把操作结果存盘。

1. 操作要求

（1）将"库存表"中除仪器名称仅为"万用表"的行外，全部复制到 Sheet2 中。

（2）将 Sheet2 中名称仅为"电流表"和"压力表"的"库存"分别改为 20 和 30，并重新计算"库存总价"（库存总价=库存 * 单价）。

（3）将"库存表"中"仪器名称""单价"和"库存"三列复制到 Sheet3 中，并将 Sheet3 设置套用表格格式为"红色，表样式浅色 10"格式。

（4）将 Sheet2 表"库存总价"列宽调整为 10，设置"进货日期"的列宽为"自动调整列宽"，并按"库存总价"降序排列。

（5）在 Sheet2 中利用公式统计库存量小于 10 的仪器种类数，并把数据放入 H2 单元格。

（6）在 Sheet3 工作表后添加工作表 Sheet4，将 Sheet2 的 A 到 F 列复制到 Sheet4 中。

（7）对 Sheet4 进行高级筛选，筛选出单价大于等于 1000 的或库存大于等于 60 的数据行。（提示：在原有区域显示筛选结果，高级筛选的条件可以写在 H 和 I 列的任意区域）

2．操作提示

（1）选择不连续的行或列时，要按住 Ctrl 键。

（2）名称仅为"电流表"和"压力表"的行分别是第 2 行和第 32 行，其"库存总价"的计算公式分别是"=E2*D2"和"=E32*D32"。

（3）套用表格格式：先选中 A1:C102 单元格区域，再在"开始"选项卡中，单击"样式"组中的"套用表格格式"下拉按钮，在打开的下拉列表中选择"红色，表样式浅色 10"选项。

微课：练习试题 4-5

（4）在"开始"选项卡的"单元格"组的"格式"下拉列表中，可设置"列宽"或"自动调整列宽"。按"库存总价"降序排列时，先选中 F1 单元格（库存总价），再在"数据"选项卡中，单击"排序和筛选"组中的"降序"按钮 ⇩。

（5）库存量小于 10 的仪器种类数的统计公式为"=COUNTIF(E2:E101," <10")"。

（6）高级筛选：在 H1 和 H2 单元格中分别输入"单价"和">=1000"，在 I1 和 I3 单元格中分别输入"库存"和">=60"，选中 A1:F101 单元格区域，在"数据"选项卡中，单击"排序和筛选"组中的"高级"按钮，在打开的"高级筛选"对话框中，"列表区域"中已自动填入"$A$1:$F$101"，将光标置于"条件区域"文本框中，拖动鼠标选中 H1:I3 单元格区域，"条件区域"文本框内会自动填入该区域的绝对地址，如图 4-54 所示，单击"确定"按钮。

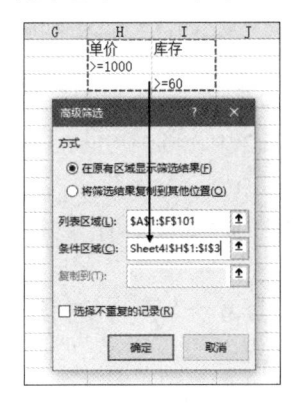

图 4-54　筛选结果

【练习试题 4-6】

打开素材库中的"练习试题 4-6.xlsx"文件，按下面的操作要求进行操作，并把操作结果存盘。

1. 操作要求

（1）将工作表 Sheet1 复制到 Sheet2 中。

（2）将工作表 Sheet2 的 A2：I101 区域设置套用表格格式为"蓝色，表样式深色 2"格式。

（3）将工作表 Sheet1 第 F 列删除。

（4）在工作表 Sheet1 中，利用公式给出各考生的"总评"成绩：如果 40%*实验成绩+60%*考试成绩≥80，则给出"通过"，否则给出"未通过"（不包括引号）。

（5）在工作表 Sheet1 中，使用函数计算"实验成绩"字段和"考试成绩"字段的平均分，结果放在第 101 行相应的单元格中。

（6）在 Sheet2 工作表后添加工作表 Sheet3，将 Sheet1 除第 1 行和最后 1 行以外的内容，复制到 Sheet3。对 Sheet3 进行分类汇总，根据性别（男在前，女在后）统计其平均年龄。要求显示到第 2 级，即：不显示具体人员明细。

2. 操作提示

（1）计算"总评"成绩的公式为"=IF((40%*F3+60%*G3)>=80,"通过","未通过")"。

（2）计算"实验成绩"平均分的公式为"=AVERAGE(F3:F100)"，计算"考试成绩"平均分的公式为"=AVERAGE(G3:G100)"。

（3）选择 Sheet2 工作表标签后，再单击"新工作表"标签按钮 ⊕，可在 Sheet2 工作表后添加新工作表 Sheet3。

（4）先对"性别"列进行升序排序后才能进行分类汇总。分类汇总时，设置分类字段为"性别"，汇总方式为"平均值"，汇总项为"年龄"。分类汇总后，单击数据表左上角的分级显示符号 2，隐藏分类汇总表中的明细数据行，即不显示具体人员明细。

微课：练习试题 4-6

【练习试题 4-7】

打开素材库中的"练习试题 4-7.xlsx"文件，按下面的操作要求进行操作，并把操作结果存盘。

1. 操作要求

（1）将工作表 Sheet1 复制到 Sheet2 中，并将 Sheet1 更名为"参考工资表"。

（2）将"参考工资表"的第 2、4、6、8 行删除。

（3）在 Sheet2 的第 F1 单元格中输入"工资合计"，相应单元格存放对应行的"基本工资""职务津贴"和"奖金"之和。

（4）将 Sheet2 中"姓名"和"工资合计"两列复制到 Sheet3 中，并将 Sheet3 设置套用表格格式为"冰蓝，表样式浅色 16"格式。

（5）利用公式在 Sheet2 中分别统计"工资合计<4000"，"4000≤工资合计<4500"，"工资合计≥4500"的数据，分别存入 H2、I2、J2 单元格中。

（6）在 Sheet3 工作表后添加工作表 Sheet4，将 Sheet2 的 A:F 区域复制到 Sheet4 中 A1 开始的区域。对 Sheet4 工作表以姓名的笔画进行升序排序。然后启用筛选，筛选出"工资合计"高于平均值的数据行。

2. 操作提示

（1）选择不连续的行或列时，要按住 Ctrl 键。

（2）计算"工资合计"的公式为"=B2+D2+E2"。

（3）H2 单元格中的计算公式为"=COUNTIF(F2:F101,"<4000")"，I2 单元格中的计算公式为"=COUNTIF(F2:F101,"<4500")-H2"，J2 单元格中的计算公式为"=COUNTIF(F2:F101,">=4500")"。

微课：练习试题 4-7

（4）选择 Sheet3 工作表标签后，再单击"新工作表"标签按钮 ⊕，可在 Sheet3 工作表后添加新工作表 Sheet1，重命名 Sheet1 为 Sheet4。

（5）在 Sheet4 工作表中选择某一非空白单元格，在"编辑"组中，选择"排序和筛选"→"自定义排序"选项，打开"排序"对话框，选择主要关键字为"姓名"，次序为"升序"，单击"选项"按钮，打开"排序选项"对话框，选中"笔画排序"单选按钮，如图 4-55 所示，单击"确定"按钮，返回"排序"对话框，单击"确定"按钮。

图 4-55 "排序"对话框

（6）将光标置于首行标题行中，选择"排序和筛选"→"筛选"选项，然后在 F1 单元格（"工资合计"所在单元格）右侧的下拉列表中，选择"数字筛选"→"高于平均值"选项，如图 4-56 所示。

图 4-56 数字筛选

【练习试题 4-8】

打开素材库中的"练习试题 4-8.xlsx"文件，按下面的操作要求进行操作，并把操作结果存盘。

（1）将工作表 Sheet1 复制到 Sheet2 中。

（2）将工作表 Sheet1 中表格的标题设置为隶书、字号 20、加粗、合并 A1:N1 单元格，并使水平对齐方式为居中。

（3）求出工作表 Sheet2 中"同月平均数"所在列值，并填入相应单元格。利用公式统计"十年合计"情况，如果月合计数大于等于 6000，要求填上"已达到 6000"，否则填上"未达到 6000"（不包含引号）。

（4）将 Sheet2 中的 C3:L14 数字格式设置为：使用千位分隔样式、保留一位小数位。

（5）将 Sheet2 中的"同月平均数"列数据设置为货币格式，货币符号为"￥"，小数位数为"2"。

（6）在 Sheet2 工作表后添加工作表 Sheet3，将 Sheet1 的第 2 行到第 14 行复制到 Sheet3 中 A1 开始的区域。删除 Sheet3 中的 M 列和 N 列。

2. 操作提示

（1）计算"同月平均数"的公式为"=AVERAGE(C3:L3)"，计算"十年合计"的公式为"=IF(SUM(C3:L3)>=6000,"已达到 6000","未达到 6000")"。

（2）选中 C3:L14 单元格区域，右击并选择"设置单元格格式"命令，打开"设置单元格格式"对话框，在"数值"分类中，选中"使用千位分隔符"复选框，设置小数位数为 1 位，如图 4-57 所示，单击"确定"按钮。

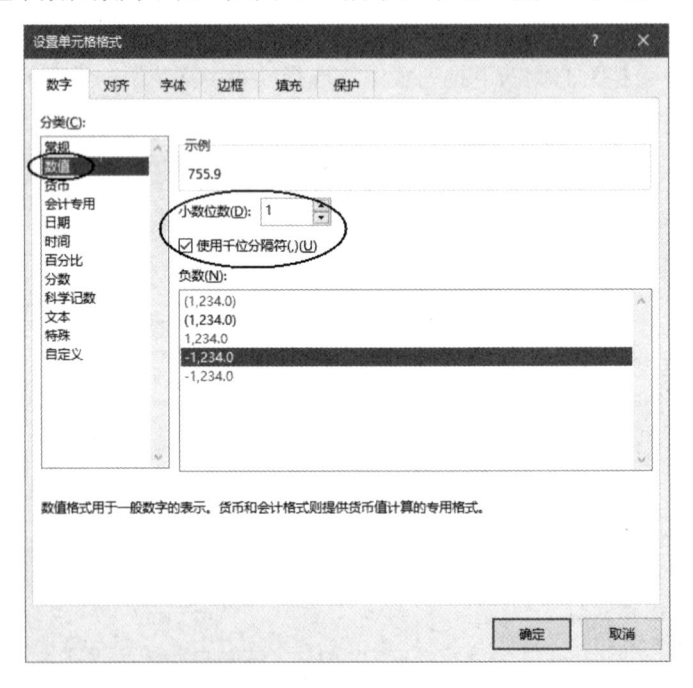

图 4-57 "设置单元格格式"对话框

【练习试题 4-9】

打开素材库中的"练习试题 4-9.xlsx"文件,按下面的操作要求进行操作,并把操作结果存盘。

1. 操作要求

(1) 将工作表 Sheet1 中表格的标题设置为宋体、字号 20、蓝色、倾斜。

(2) 将工作表 Sheet1 中单元格区域 C3:L14 的数字格式设置为:使用千位分隔样式、保留两位小数位。

(3) 利用公式计算 Sheet1 中的"十年合计"和"同月平均数"。

(4) 将工作表 Sheet1 复制到 Sheet2 中;为"十年合计"所在列设置"自动调整列宽"。

(5) 合并 Sheet2 的 A15:B15,填上文字"月平均";利用公式在 C15:L15 的单元格中填入相应的内容:如果月平均值超过 600(含 600),则填入"较高",否则填入"较低"(不包括引号)。

(6) 将 Sheet2 除第 1 行和最后 1 行以外的内容,复制到 Sheet3 以 A1 为左上角的区域中。对于 Sheet3,删除 M、N 列,然后进行分类汇总,统计每年各季度的总产值。要求显示到第 2 级,即不显示某月明细。设置 Sheet3 中 A 列到 L 列为"自动调整列宽"。

2. 操作提示

(1) 计算"十年合计"的公式为"=SUM(C3:L3)",计算"同月平均数"的公式为"=AVERAGE(C3:L3)"。

(2) 选中 M 列("十年合计"所在列),在"开始"选项卡中的"单元格"组中,选择"格式"→"自动调整列宽"选项。

(3) 选中 A15:B15 单元格区域,单击"对齐方式"组中的"合并后居中"按钮。

(4) C15 单元格中的公式为"=IF(AVERAGE(C3:C14)>=600,"较高","较低")"。

(5) 在 Sheet3 工作表中,已经按"季度"排好序,可直接进行分类汇总。分类汇总时,设置分类字段为"季度",汇总方式为"求和",汇总项为 2003 年至 2012 年(共 10 个年份)。

微课:练习试题 4-9

【练习试题 4-10】

打开素材库中的"练习试题 4-10.xlsx"文件,按下面的操作要求进行操作,并把操作结果存盘。

1. 操作要求

(1) 将工作表 Sheet1 按"十年合计"递增次序进行排序。

(2) 将工作表 Sheet1 复制到 Sheet2 中。

(3) 将 Sheet2 中的"十年合计"列数据设置为货币格式,货币符号为"¥",小数位数为"3"。

(4) 将 Sheet2 中 A2:N14 区域套用表格格式为"橄榄色,表样式中等深浅 4"格式。

(5) 在 Sheet2 中利用公式统计十年中产值超过 650(含 650)的月份数,存入 A16 单元格。

(6) 在 Sheet2 工作表后添加工作表 Sheet3,将 Sheet1 的 A2:L14 区域复制到 Sheet3 中 A1

开始的区域。对 Sheet3 的 C2:L13 区域，设置数据验证：允许小数，数据大于或等于 500，并设置出错警告的样式为"警告"，标题为"出错了……"（不包括引号），错误信息为"输入的数据必须大于等于 500!"（不包括引号）。

说明：设置完成后，当该区域内重新输入一个小于 500 的数据时，会弹出一个警告对话框。

2. 操作提示

（1）将光标置于"十年合计"列（M 列）中，在"数据"选项卡的"排序和筛选"组中，单击"升序"按钮 A↓，可实现按"十年合计"值递增次序排列。

（2）A16 单元格中的公式为"=COUNTIF(表 1[[2003 年]:[2012 年]],">=650")"或"=COUNTIF(C3:L14,">=650")"。

微课：练习试题 4-10

（3）选中 Sheet3 中的 C2:L13 区域，在"数据"选项卡的"数据工具"组中，单击"数据验证"按钮，在打开的"数据验证"对话框的"设置"选项卡中，设置验证条件为"小数，大于或等于，500"，如图 4-58 所示；在"出错警告"选项卡中，设置样式为"警告"，标题为"出错了……"，错误信息为"输入的数据必须大于等于 500!"，如图 4-59 所示，单击"确定"按钮。

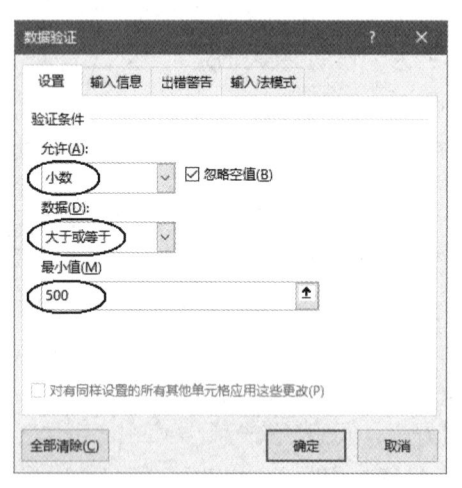

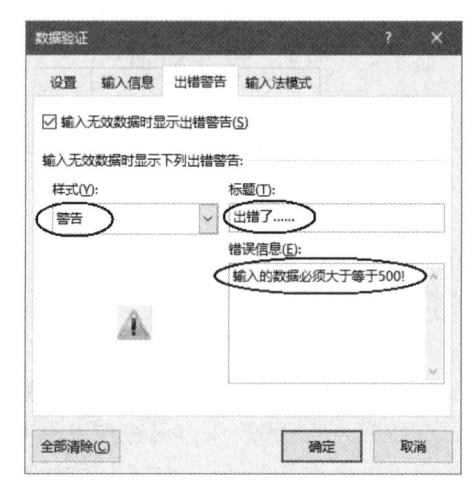

图 4-58 "设置"选项卡　　　　　图 4-59 "出错警告"选项卡

第5章 演示文稿综合题

本章的重点主要包括：插入和删除幻灯片，添加文字，页眉和页脚设置（日期和时间、幻灯片编号），幻灯片的宽度和高度设置，字体、字号、行距设置，文本标题级别的调整，插入文本框，项目符号，幻灯片版式，主题，幻灯片背景（渐变、纹理）设置，动画和切换方式设置，幻灯片隐藏，超链接设置，等等。

5.1 典型试题

【典型试题 5-1】

打开素材库中的"典型试题 5-1.pptx"文件，按下面的操作要求进行操作，并把操作结果存盘。

1. 操作要求

（1）在最后添加一张幻灯片，设置其版式为"标题幻灯片"，在主标题区输入文字"The End"（不包括引号）。

（2）设置页脚，使除标题版式幻灯片外，所有幻灯片（即第 2 至第 6 张）的页脚文字为"国宝大熊猫"（不包括引号）。

（3）将"作息制度"所在幻灯片中的表格对象，设置动画效果为进入"自右侧　擦除"。

（4）将"活动范围"所在幻灯片中的"因此活动量也相应减少"降低到下一个较低的标题级别。

（5）将"大熊猫现代分布区"所在幻灯片的文本区，设置行距为 1.2 行。

2. 解答

步骤 1：根据操作要求（1），选中最后 1 张幻灯片（第 6 张幻灯片），在"开始"选项卡中，单击"幻灯片"组中的"新建幻灯片"下拉按钮，在打开的下拉列表中选择"标题幻灯片"版式，如图 5-1 所示，则在最后添加

微课：典型试题 5-1

了一张标题幻灯片（第 7 张幻灯片），在最后 1 张幻灯片（第 7 张幻灯片）的"标题"占位符中输入文字"The End"。

图 5-1 "新建幻灯片"下拉列表

步骤 2：根据操作要求（2），在"插入"选项卡中，单击"文本"组中的"页眉和页脚"按钮，在打开的"页眉和页脚"对话框中，选中"页脚"复选框，再在其下方的文本框中输入"国宝大熊猫"，并选中"标题幻灯片中不显示"复选框，如图 5-2 所示，单击"全部应用"按钮。

图 5-2 "页眉和页脚"对话框

步骤 3：根据操作要求（3），选中第 6 张幻灯片（"作息制度"所在幻灯片中）中的表格对象后，在"动画"选项卡中，单击"动画"组右侧的"其他"下拉按钮，在打开的下拉列表中选择"进入"区域中的"擦除"动画效果，如图 5-3 所示，再单击"动画"组右侧的"效果选项"按钮，在打开的下拉列表中选择"自右侧"方向，如图 5-4 所示。

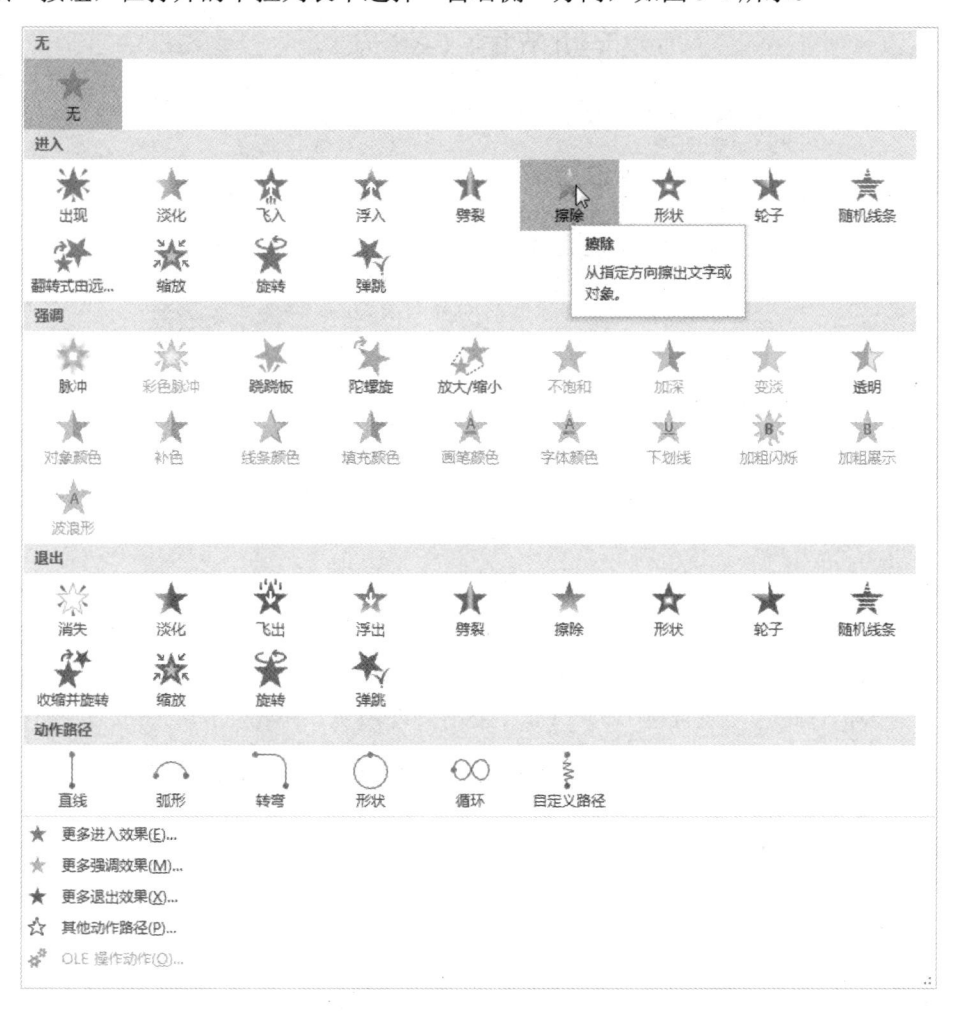

图 5-3 "擦除"动画效果

图 5-4 "效果选项"下拉列表

步骤4：根据操作要求（4），选中第5张幻灯片（"活动范围"所在幻灯片）中的文字"因此活动量也相应减少"后，按Tab键（或在"开始"选项卡中，单击"段落"组中的"提高列表级别"按钮），该文字将降低到下一个较低的标题级别，如图5-5所示。

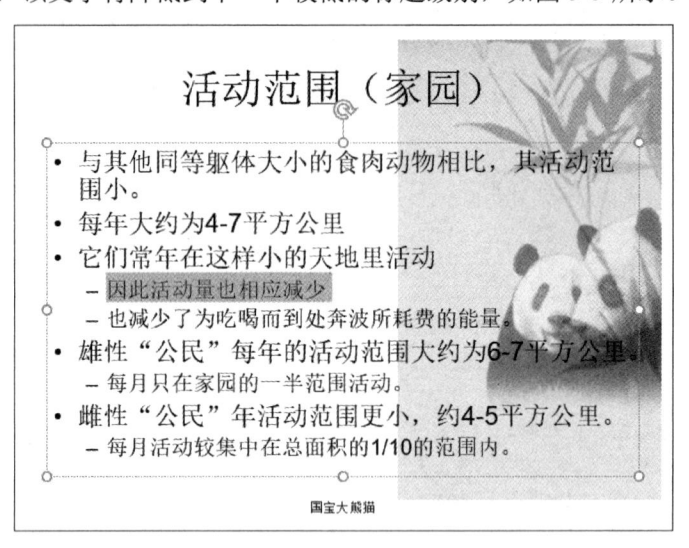

图5-5 第5张幻灯片

步骤5：根据操作要求（5），选中第4张幻灯片（"大熊猫现代分布区"所在幻灯片）文本区中的所有文字后，在"开始"选项卡中，单击"段落"组中的"行距"下拉按钮，在打开的下拉列表中选择"行距选项"选项，如图5-6所示，在打开的"段落"对话框中，选择"行距"为"多倍行距"、"设置值"为"1.2"，如图5-7所示，单击"确定"按钮。

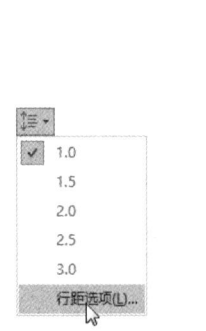

图5-6 "行距"下拉列表   图5-7 "段落"对话框

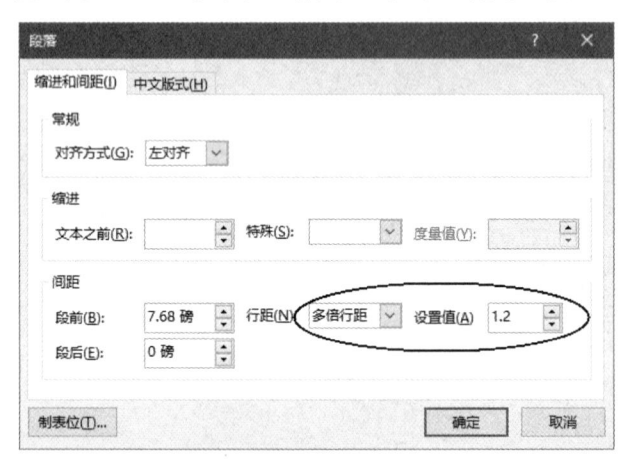

步骤6：单击快速访问工具栏中的"保存"按钮，保存文件。

【典型试题5-2】

打开素材库中的"典型试题5-2.pptx"文件，按下面的操作要求进行操作，并把操作结果存盘。

1. 操作要求

（1）隐藏最后一张幻灯片（"Bye-bye"）。

（2）将第1张幻灯片的背景纹理设置为"绿色大理石"。

（3）删除第3张幻灯片中所有一级文本的项目符号。

（4）删除第2张幻灯片中的文本（非标题）原来设置的动画效果，重新设置动画效果为进入"缩放"，并且次序上比图片早出现。

（5）对第3张幻灯片中的图片建立超链接，链接到第一张幻灯片。

2. 解答

步骤1：根据操作要求（1），选中第4张幻灯片（"Bye-bye"），在"幻灯片放映"选项卡中，单击"设置"组中的"隐藏幻灯片"按钮，即可隐藏该幻灯片。

步骤2：根据操作要求（2），选中第1张幻灯片后，右击并选择"设置背景格式"命令，打开"设置背景格式"对话框，在"填充"区域中选中"图片或纹理填充"单选按钮，单击"纹理"下拉按钮，在打开的下拉列表中选择"绿色大理石"纹理，如图5-8所示，再单击"关闭"按钮，即可把该纹理应用于第1张幻灯片的背景中。

微课：典型试题5-2

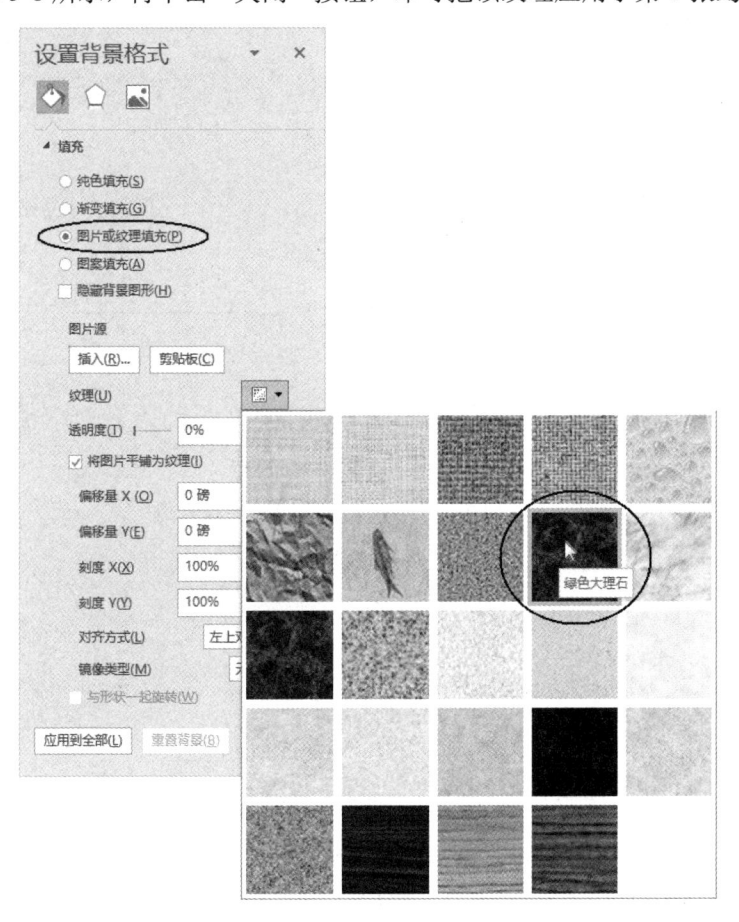

图5-8 "设置背景格式"对话框

步骤3：根据操作要求（3），选中第3张幻灯片文本框中的三行文字，在"开始"选项卡中，单击"段落"组中的"项目符号"下拉按钮，在打开的下拉列表中选择"无"选项，如图 5-9 所示。

步骤 4：根据操作要求（4），选中第 2 张幻灯片，在"动画"选项卡中，单击"高级动画"组中的"动画窗格"按钮，在打开的"动画窗格"中显示有 2 个动画，如图 5-10 所示，选中第 1 个动画，并单击其右侧的下拉按钮，在打开的下拉菜单中选择"删除"命令，如图 5-11 所示，从而删除该动画。

步骤 5：选中第 2 张幻灯片文本框中的文本"我的家是……去做客。"，再在"动画"选项卡的"动画"组中设置动画效果为进入"缩放"，此时该动画已经添加到"动画窗格"中，单击"动画窗格"顶部的 ▲ 按钮，将该动画移到窗格顶部，如图 5-12 所示。

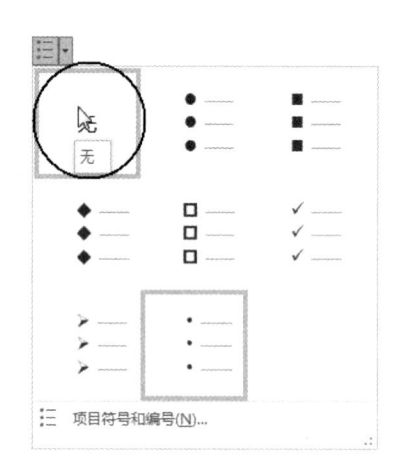

图 5-9 "项目符号"下拉列表   图 5-10 "动画窗格"（1）

图 5-11 "动画窗格"（2）   图 5-12 "动画窗格"（3）

步骤 6：根据操作要求（5），右击第 3 张幻灯片中的图片（网球运动员），选择"超链接"命令，打开"插入超链接"对话框，在"链接到"区域中选择"本文档中的位置"选项，在"请选择文档中的位置"区域中选择"第一张幻灯片"选项，如图 5-13 所示，单击"确定"按钮。

步骤 7：单击快速访问工具栏中的"保存"按钮，保存文件。

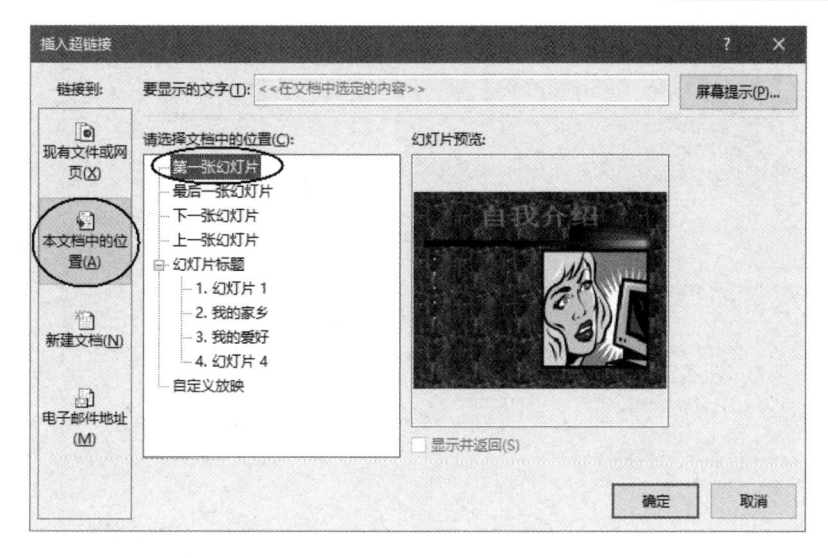

图 5-13 "插入超链接"对话框

【典型试题 5-3】

打开素材库中的"典型试题 5-3.pptx"文件，按下面的操作要求进行操作，并把操作结果存盘。

1．操作要求

（1）将第 1 张幻灯片的主标题设置为"数据通信技术和网络"，字体为"隶书"，字号默认。

（2）在每张幻灯片的日期区插入演示文稿的日期和时间，并设置为自动更新（采用默认日期格式）。

（3）将第 2 张幻灯片的版式设置为"垂直排列标题与文本"，背景设置为"鱼类化石"纹理效果。

（4）给第 3 张幻灯片的剪贴画建立超链接，链接到"上一张幻灯片"。

（5）将演示文稿的主题设置为"主要事件"，应用于所有幻灯片。

2．解答

步骤 1：根据操作要求（1），将光标置于第 1 张幻灯片的"标题"占位符中，输入文字"数据通信技术和网络"，输入后再选中这些文字，在"开始"选项卡的"字体"组中设置其字体为"隶书"，字号默认。

步骤 2：根据操作要求（2），在"插入"选项卡中，单击"文本"组中的"页眉和页脚"按钮，打开"页眉和页脚"对话框，选中"日期和时间"复选框，并选中"自动更新"单选按钮，如图 5-14 所示，再单击"全部应用"按钮，即可实现在每张幻灯片的日期区显示日期和时间。

步骤 3：根据操作要求（3），选中第 2 张幻灯片，在"开始"选项卡中，单击"幻灯片"组中的"版式"下拉按钮，在打开的下拉列表中选择"垂直排列标题与文本"版式，如图 5-15 所示，即可将此版式应用于第 2 张幻灯片中。

图 5-14 "页眉和页脚"对话框

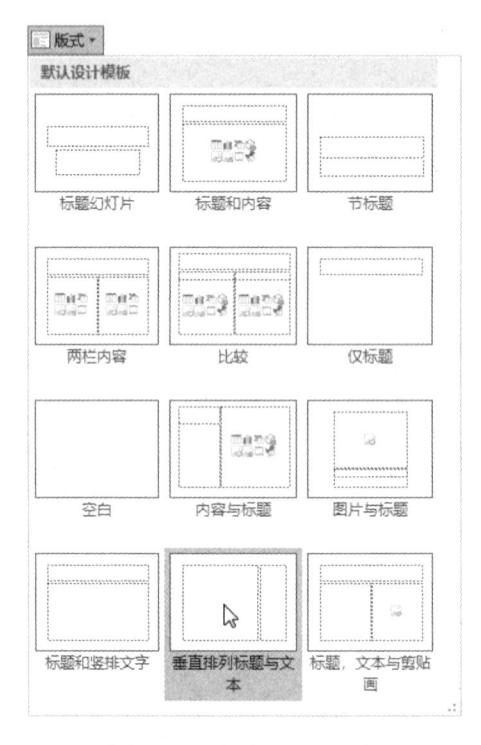

图 5-15 "版式"下拉列表

步骤 4：在第 2 张幻灯片中，右击并选择"设置背景格式"命令，打开"设置背景格式"对话框，在"填充"区域中选中"图片或纹理填充"单选按钮，单击"纹理"下拉按钮，在打开的下拉列表中选择"鱼类化石"纹理，再单击"关闭"按钮，即可把该纹理应用于第 2 张幻灯片中。

步骤 5：根据操作要求（4），选中第 3 张幻灯片中的剪贴画（即"乌龟"图片），右击并选择"超链接"命令，打开"插入超链接"对话框，在"链接到"区域中选择"本文档中的位置"选项,在"请选择文档中的位置"区域中选择"上一张幻灯片"选项,单击"确定"按钮。

步骤 6:根据操作要求(5),在"设计"选项卡中,单击"主题"组右侧的"其他"下拉按钮,在打开的下拉列表中,选择"内置"区域中的"主要事件"主题,如图 5-16 所示。

步骤 7:单击快速访问工具栏中的"保存"按钮,保存文件。

图 5-16 主题列表

【典型试题 5-4】

打开素材库中的"典型试题 5-4.pptx"文件,按下面的操作要求进行操作,并把操作结果存盘。

1. 操作要求

(1)将第 1 张幻灯片的版式设置为"标题幻灯片"。
(2)为第 1 张幻灯片添加标题,内容为"超重与失重",字体为"宋体"。
(3)将整个幻灯片的宽度设置为"28.804 厘米(12 英寸)"。
(4)在最后添加一张"空白"版式的幻灯片。
(5)在新添加的幻灯片上插入一个文本框,文本框的内容为"The End",字体为"Times New Roman"。

2. 解答

步骤 1:根据操作要求(1),选中第 1 张幻灯片,在"开始"选项卡中,单击"幻灯片"组中的"版式"下拉按钮,在打开的下拉列表中选择"标题幻灯片"版式,即可将此版式应用于第 1 张幻灯片中。

步骤 2:根据操作要求(2),将光标置于第 1 张幻灯片的"标题"占位符中,输入文字"超重与失重",输入后再选中这些文字,在"字体"组中设置其字体为"宋体"。

步骤 3:根据操作要求(3),在"设计"选项卡中,选择"自定义"组中的"幻灯片大小"→"自定义幻灯片大小"选项,如图 5-17 所示。在打开的"幻灯片大小"对话框中,设置幻

微课:典型试题 5-4

灯片的"宽度"为 28.804 厘米，如图 5-18 所示，单击"确定"按钮，在打开的提示对话框中单击"确保适合"按钮，如图 5-19 所示。

图 5-17　自定义幻灯片大小　　　　图 5-18　"页面设置"对话框

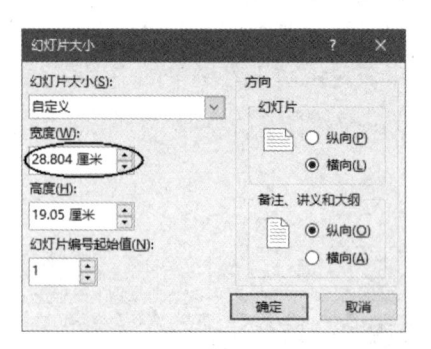

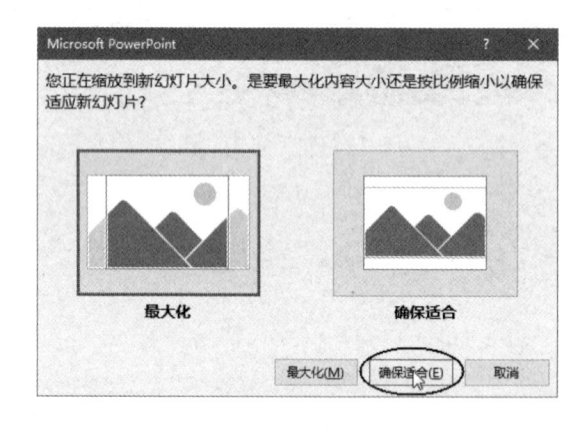

图 5-19　确保适合

步骤 4：根据操作要求（4），选中最后 1 张幻灯片（即第 4 张幻灯片），在"开始"选项卡中，单击"幻灯片"组中的"新建幻灯片"下拉按钮，在打开的下拉列表中选择"空白"版式，则在最后添加了一张"空白"版式的幻灯片（第 5 张幻灯片）。

步骤 5：根据操作要求（5），选中第 5 张幻灯片（即新插入的"空白"幻灯片），在"插入"选项卡中，单击"文本"组中的"文本框"下拉按钮，在打开的下拉列表中选择"绘制横排文本框"选项，然后在幻灯片的中央附近拖动鼠标，画出一文本框，并在该文本框中输入"The End"，再在"字体"组中设置其字体为"Times New Roman"。

步骤 6：单击快速访问工具栏中的"保存"按钮，保存文件。

【典型试题 5-5】

打开素材库中的"典型试题 5-5.pptx"文件，按下面的操作要求进行操作，并把操作结果存盘。

1. 操作要求

（1）在第一张幻灯片前插入一张标题幻灯片，在主标题区输入文字"国际单位制"（不包括引号）。

（2）设置所有幻灯片背景，使其填充效果的纹理为"花束"。

（3）对"物理公式在确定物理量"文字所在幻灯片，设置每一条文本的动画方式为进入"螺旋飞入"（共6条）。

（4）为"在采用先进的…"所在段落删除项目符号。

（5）为"SI基本单位"所在幻灯片中的图片，建立图片的E-mail超链接，E-mail地址为djks@zju.edu.cn。

2. 解答

步骤1：根据操作要求（1），选中第1张幻灯片，在"开始"选项卡中，单击"幻灯片"组中的"新建幻灯片"下拉按钮，在打开的下拉列表中选择"标题幻灯片"版式，则在第1张幻灯片后添加了一张标题幻灯片（第2张幻灯片），再在该幻灯片（第2张幻灯片）的"标题"占位符中输入文字"国际单位制"。

微课：典型试题5-5

由于新插入的幻灯片是第2张幻灯片，根据操作要求（1），在窗口左侧的"幻灯片"窗格中，拖动第2张幻灯片至第1张幻灯片的前面，即可使新插入的幻灯片成为第1张幻灯片。

步骤2：根据操作要求（2），选中第1张幻灯片后，右击并选择"设置背景格式"命令，打开"设置背景格式"对话框，在"填充"区域中选中"图片或纹理填充"单选按钮，单击"纹理"下拉按钮，在打开的下拉列表中选择"花束"纹理，如图5-20所示，然后单击"应用到全部"按钮，再单击"关闭"按钮，即可把该纹理应用于所有幻灯片的背景中。

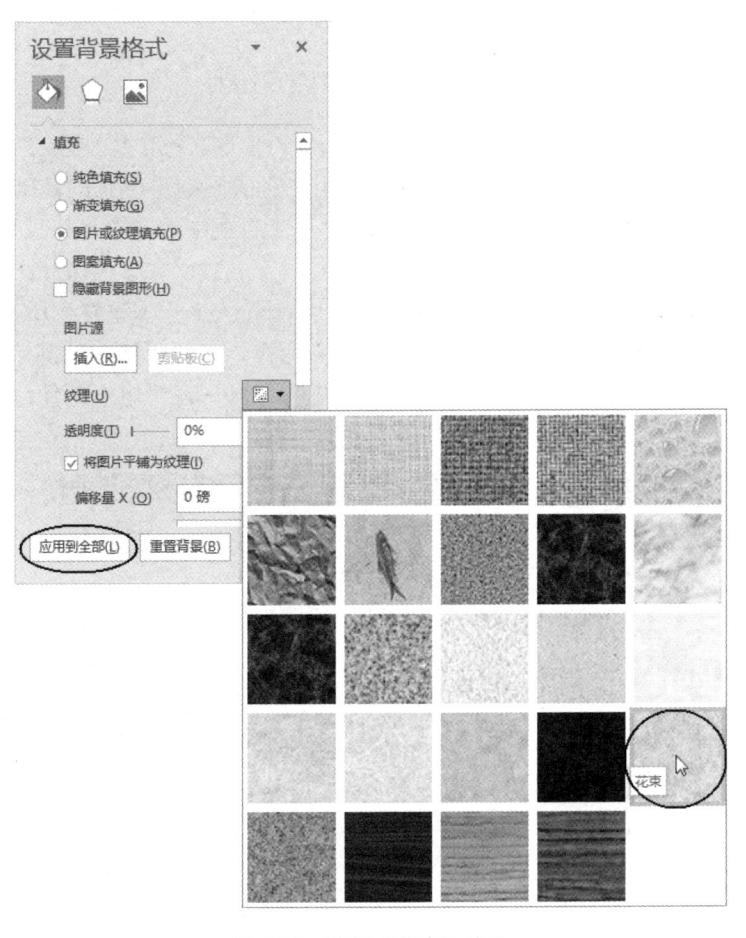

图5-20 选择"花束"纹理

步骤3：根据操作要求（3），选中第2张幻灯片（即"物理公式在确定物理量"文字所在的幻灯片）中的所有文本（不包括"标尺"图片），在"动画"选项卡中，单击"高级动画"组中的"添加动画"下拉按钮，在打开的下拉列表中选择"更多进入效果"命令，打开"添加进入效果"对话框，在"华丽"区域中选择"螺旋飞入"动画，如图5-21所示，单击"确定"按钮。

图5-21 "添加进入效果"对话框

步骤4：根据操作要求（4），选中第4张幻灯片（即"在采用先进的…"文字所在的幻灯片），拖动鼠标选中最后一段文字（即文字"在采用先进的国际单位制的基础上，进一步统一我国的计量单位。"），在"开始"选项卡中，单击"段落"组中的"项目符号"下拉按钮，在打开的下拉列表中选择"无"选项。

步骤5：根据操作要求（5），选中第5张幻灯片（即"SI基本单位"所在幻灯片），再选中该幻灯片中右上角的图片，右击并选择"超链接"命令，打开"插入超链接"对话框，在该对话框左侧的"链接到"区域中选择"电子邮件地址"选项，在"电子邮件地址"文本框中输入"djks@zju.edu.cn"，如图5-22所示，单击"确定"按钮。

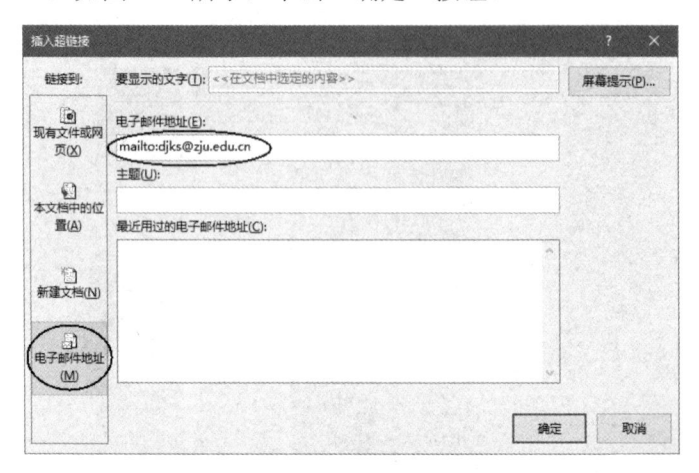

图5-22 "插入超链接"对话框

步骤 6：单击快速访问工具栏中的"保存"按钮，保存文件。

【说明】输入电子邮件地址时，系统会自动在电子邮件地址前添加"mailto:"。

【典型试题 5-6】

打开素材库中的"典型试题 5-6.pptx"文件，按下面的操作要求进行操作，并把操作结果存盘。

1. 操作要求

（1）将第 2 张幻灯片的版式设置为"垂直排列标题与文本"，将它的切换效果设置为"水平百叶窗"，速度为默认。

（2）删除第 3 张幻灯片中的所有项目符号。

（3）将第 3 张幻灯片的背景渐变预设颜色设置为"浅色渐变-个性色 1"。

（4）将第 1 张幻灯片的主标题的字体设置为"华文彩云"，字号为默认。

（5）为第 1 张幻灯片的剪贴画建立超链接，链接到"http://www.library.com"。

2. 解答

步骤 1：根据操作要求（1），选中第 2 张幻灯片，在"开始"选项卡中，单击"幻灯片"组中的"版式"下拉按钮，在打开的下拉列表中选择"垂直排列标题与文本"版式。在"切换"选项卡中，单击"切换到此幻灯片"组右侧的"其他"下拉按钮，在打开的下拉列表中选择"华丽型"区域中的"百叶窗"切换效果，如图 5-23 所示。

微课：典型试题 5-6

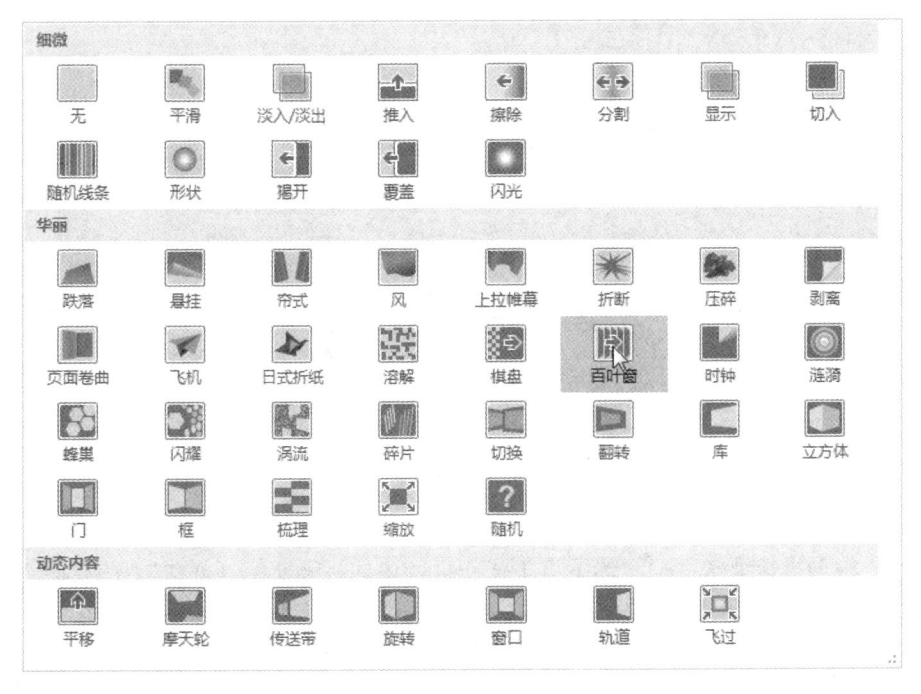

图 5-23 "切换到此幻灯片"下拉列表

单击"切换到此幻灯片"组右侧的"效果选项"下拉按钮，在打开的下拉列表中选择"水平"方向，如图 5-24 所示。

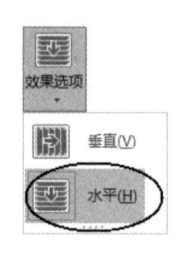

图 5-24 "效果选项"下拉列表

步骤 2：根据操作要求（2），选中第 3 张幻灯片，在幻灯片中拖动鼠标，选中带有项目符号的 6 行文字，在"开始"选项卡中，单击"段落"组中的"项目符号"下拉按钮，在打开的下拉列表中选择"无"选项。

步骤 3：根据操作要求（3），选中第 3 张幻灯片，在幻灯片空白处右击，选择"设置背景格式"命令，打开"设置背景格式"对话框，选中"渐变填充"单选按钮，单击"预设渐变"下拉按钮，在打开的下拉列表中选择"浅色渐变-个性色 1"选项，如图 5-25 所示，再单击"关闭"按钮，即可将预设渐变颜色"浅色渐变-个性色 1"应用于第 3 张幻灯片的背景中。

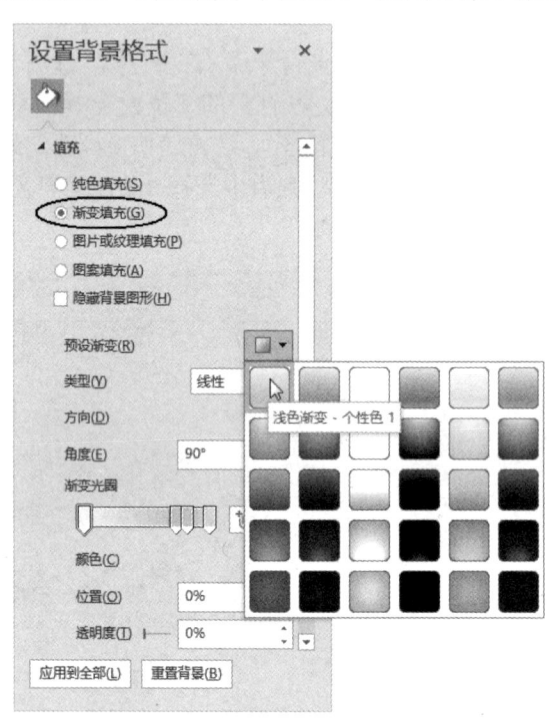

图 5-25 "设置背景格式"对话框

步骤 4：根据操作要求（4），选中第 1 张幻灯片中的标题文字（即"网络技术实验"），再在"开始"选项卡的"字体"组中设置其字体为"华文彩云"，字号为默认。

步骤 5：根据操作要求（5），选中第 1 张幻灯片中的剪贴画（即"青蛙"图片），右击并选择"超链接"命令，打开"插入超链接"对话框，在该对话框的"链接到"区域中选择"现有文件或网页"选项，在"地址"文本框中输入"http://www.library.com"，如图 5-26 所示，单击"确定"按钮。

步骤 6：单击快速访问工具栏中的"保存"按钮，保存文件。

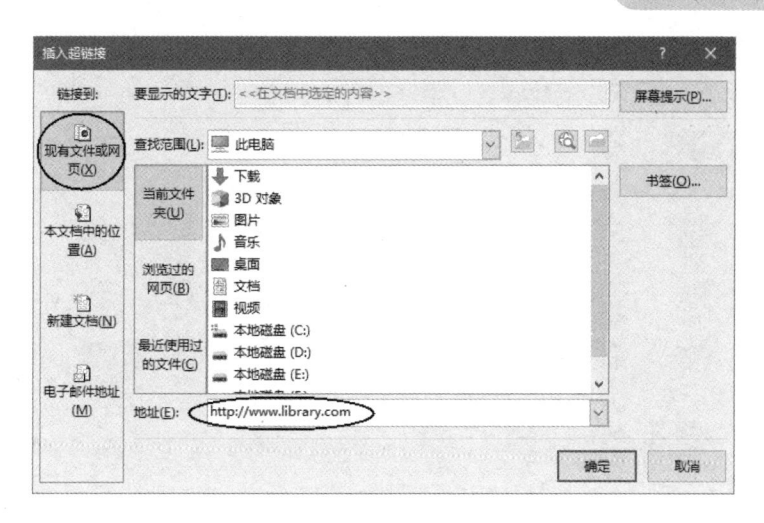

图 5-26 "插入超链接"对话框

【典型试题 5-7】

打开素材库中的"典型试题 5-7.pptx"文件，按下面的操作要求进行操作，并把操作结果存盘。

1. 操作要求

（1）将第 1 张幻灯片的主标题"天龙八部"的字体设置为"黑体"，字号不变。
（2）给第 1 张幻灯片设置副标题"金庸巨著"，字体为"宋体"，字号默认。
（3）将第 2 张幻灯片的背景设置为"信纸"纹理。
（4）将第 3 张幻灯片的切换效果设置为"随机水平线条"，速度为默认。
（5）取消第 3 张幻灯片中文本框内的所有项目符号。

2. 解答

步骤 1：根据操作要求（1），选中第 1 张幻灯片中的标题文字（即"天龙八部"），再在"开始"选项卡的"字体"组中设置其字体为"黑体"，字号不变。

步骤 2：根据操作要求（2），将光标置于第 1 张幻灯片的"副标题"占位符中，输入文字"金庸巨著"后，再选中这几个字，然后在"字体"组中设置其字体为"宋体"，字号默认。

微课：典型试题 5-7

步骤 3：根据操作要求（3），选中第 2 张幻灯片，在幻灯片空白处右击，选择"设置背景格式"命令，打开"设置背景格式"对话框，在"填充"区域中选中"图片或纹理填充"单选按钮，单击"纹理"下拉按钮，在打开的下拉列表中选择"信纸"纹理，再单击"关闭"按钮，即可将"信纸"纹理应用于第 2 张幻灯片的背景中。

步骤 4：根据操作要求（4），选中第 3 张幻灯片，在"切换"选项卡中，单击"切换到此幻灯片"组右侧的"其他"下拉按钮，在打开的下拉列表中选择"细微型"区域中的"随机线条"切换效果，如图 5-27 所示。

单击"切换到此幻灯片"组右侧的"效果选项"下拉按钮，在打开的下拉列表中选择"水平"方向。

图 5-27 "切换到此幻灯片"下拉列表

步骤 5：根据操作要求（5），在第 3 张幻灯片中，拖动鼠标选中带有项目符号的 3 行文字（少林寺、逍遥派、灵鹫宫），在"开始"选项卡中，单击"段落"组中的"项目符号"下拉按钮，在打开的下拉列表中选择"无"选项。

步骤 6：单击快速访问工具栏中的"保存"按钮，保存文件。

【典型试题 5-8】

打开素材库中的"典型试题 5-8.pptx"文件，按下面的操作要求进行操作，并把操作结果存盘。

1. 操作要求

（1）将演示文稿的主题设置为"环保"，并应用于所有幻灯片。
（2）将第 1 张幻灯片的主标题"营养物质的组成"的字体设置为"隶书"，字号不变。
（3）将第 5 张幻灯片中的图片设置动画效果为自顶部"飞入"。
（4）给第 8 张幻灯片的剪贴画建立超链接，链接到第 2 张幻灯片。
（5）将第 8 张幻灯片的切换效果设置为"自底部擦除"，持续时间为"02.00"。

2. 解答

步骤 1：根据操作要求（1），在"设计"选项卡中，选择"主题"组列表中的"环保"主题，如图 5-28 所示。

步骤 2：根据操作要求（2），在第 1 张幻灯片中，选中"标题"占位符中的文字"营养物质的组成"，在"开始"选项卡的"字体"组中设置其字体为"隶书"，字号不变。

步骤 3：根据操作要求（3），在第 5 张幻灯片中，选中"维生素"图片，在"动画"选项卡的"动画"列表中，选择"飞入"动画，在"效果选项"的下拉列表中选择"自顶部"方向。

步骤 4：根据操作要求（4），在第 8 张幻灯片中，右击"鼓掌"剪贴画，选择"超链接"命令，打开"插入超链接"对话框，在该对话框的"链接到"区域中选择"本文档中的位置"选项，在"请选择文档中的位置"列表框中选择标题为"2. 幻灯片 2"的幻灯片，如图 5-29 所示，单击"确定"按钮。

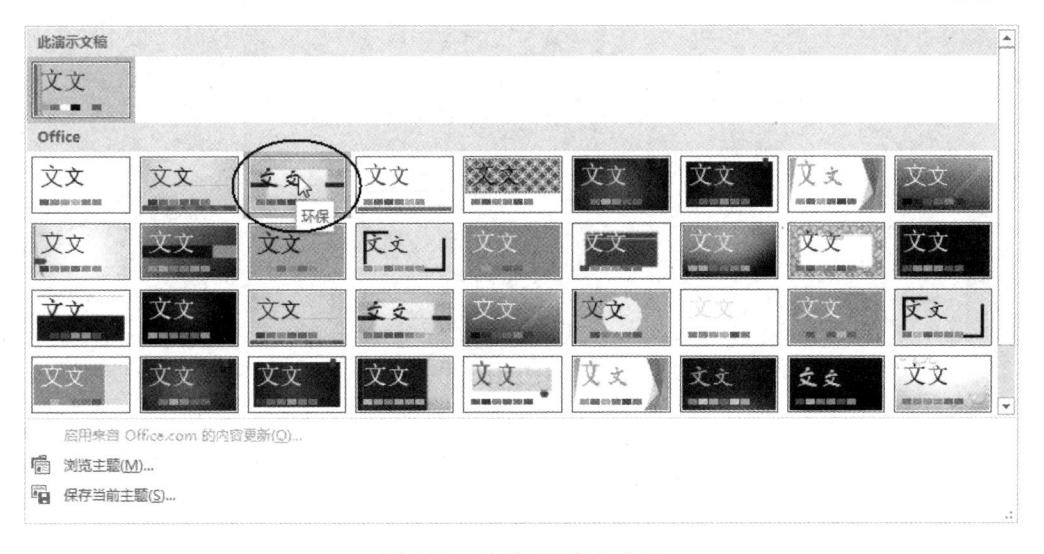

图 5-28　选择"环保"主题

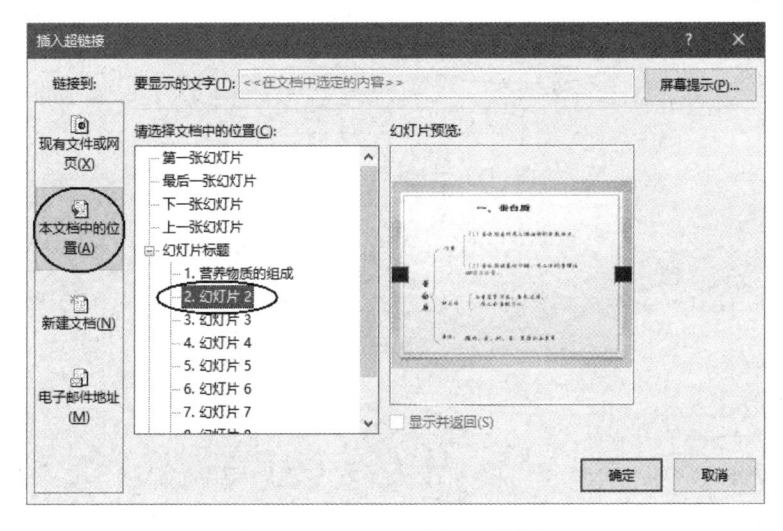

图 5-29　"插入超链接"对话框

步骤 5：根据操作要求（5），选中第 8 张幻灯片，在"切换"选项卡的"切换到此幻灯片"列表中选择"擦除"切换效果，如图 5-30 所示，在"效果选项"下拉列表中选择"自底部"方向，如图 5-31 所示，在"计时"组中，设置持续时间为"02.00"，如图 5-32 所示。

步骤 6：单击快速访问工具栏中的"保存"按钮，保存文件。

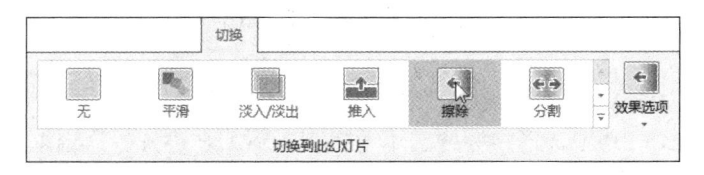

图 5-30　"切换到此幻灯片"列表

图 5-31 "效果选项"下拉列表

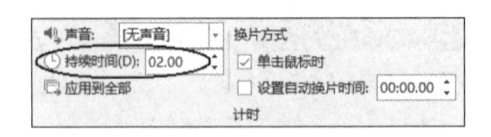

图 5-32 设置"持续时间"

5.2 练习试题

【练习试题 5-1】

打开素材库中的"练习试题 5-1.pptx"文件,按下面的操作要求进行操作,并把操作结果存盘。

1. 操作要求

(1) 将演示文稿的主题设置为"回顾"。
(2) 将第 2 张幻灯片的标题文本"棋魂"的字体设置为"隶书"。
(3) 将第 4 张幻灯片的版式设置为"仅标题"。
(4) 将第 1 张幻灯片的艺术字"动画片"的进入动画效果设置为"旋转"。
(5) 将演示文稿的幻灯片高度设置为"20.4 厘米(8.5 英寸)"。

2. 操作提示

(1) 在"设计"选项卡的"主题"下拉列表中,选择"回顾"主题。
(2) 在第 2 张幻灯片中,选中标题文本"棋魂"后,在"开始"选项卡的"字体"组中,设置其字体为"隶书"。
(3) 选中第 4 张幻灯片,在"开始"选项卡的"幻灯片"组中,单击"版式"下拉按钮,在打开的下拉列表中选择"仅标题"版式。
(4) 选中第 1 张幻灯片中的艺术字"动画片",在"动画"选项卡的"动画"下拉列表中

微课:练习试题 5-1

选择"旋转"动画效果。

（5）在"设计"选项卡的"自定义"组中，选择"幻灯片大小"→"自定义幻灯片大小"选项，在打开的"幻灯片大小"对话框中，设置幻灯片的高度为"20.4 厘米"。

【练习试题 5-2】

打开素材库中的"练习试题 5-2.pptx"文件，按下面的操作要求进行操作，并把操作结果存盘。

1. 操作要求

（1）将第 1 张幻灯片中艺术字对象"自由落体运动"动画效果设置为进入时自顶部"飞入"。
（2）将第 2 张幻灯片标题文本框内容"自由落体运动"改为"自由落体运动的概念"。
（3）将所有幻灯片的切换效果设置为"水平百叶窗"，持续时间为"02.00"。
（4）在最后插入一张"内容与标题"版式的幻灯片。
（5）在新插入的幻灯片中添加标题，内容为"加速度的计算"，字体为"宋体"。

2. 操作提示

（1）在第 1 张幻灯片中，选中艺术字对象"自由落体运动"，在"动画"选项卡的"动画"列表中选择"飞入"动画效果，在"效果选项"下拉列表中选择"自顶部"方向。

（2）在第 2 张幻灯片中，把"标题"占位符中的"自由落体运动"改为"自由落体运动的概念"。

微课：练习试题 5-2

（3）在"切换"选项卡中，在"切换到此幻灯片"下拉列表中选择"百叶窗"切换效果，在"效果选项"下拉列表中选择"水平"方向，在"计时"组中，设置持续时间为"02.00"，单击"应用到全部"按钮。

（4）选择第 4 张幻灯片（最后一张幻灯片）后，在"开始"选项卡中，单击"幻灯片"组中的"新建幻灯片"下拉按钮，在打开的下拉列表中选择"内容与标题"版式。

（5）在新插入的幻灯片（第 5 张幻灯片）中，在"标题"占位符中添加标题文字"加速度的计算"，再选中这些标题文字，在"字体"组中设置其字体为"宋体"。

【练习试题 5-3】

打开素材库中的"练习试题 5-3.pptx"文件，按下面的操作要求进行操作，并把操作结果存盘。

1. 操作要求

（1）将第 2 张幻灯片的一级文本的项目符号均设置为"√"。
（2）将第 3 张幻灯片的图片超级链接到第 2 张幻灯片。
（3）将第 1 张幻灯片的版式设置为"标题幻灯片"。
（4）在第 4 张幻灯片的日期区中插入自动更新的日期和时间（采用默认日期格式）。
（5）将第 2 张幻灯片中文本的动画效果设置为进入时"飞入"。

2. 操作提示

（1）在第 2 张幻灯片中，选中带有项目符号的 2 段文字，在"开始"选项卡中，单击"段落"组中的"项目符号"下拉按钮，在打开的下拉列表中选择第 2 行第 3 列的选项（"√"项目符号）。

（2）在第 3 张幻灯片中，选中"细胞"图片后，右击并选择"超链接"命令，打开"超链接"对话框，在"链接到"区域中选择"本文档中的位置"选项，在"请选择文档中的位置"区域中选择幻灯片标题为"2. 一、水分的吸收"的幻灯片，单击"确定"按钮。

（3）选中第 1 张幻灯片，在"开始"选项卡中，单击"幻灯片"组中的"版式"下拉按钮，在打开的下拉列表中选择"标题幻灯片"版式。

（4）选中第 4 张幻灯片，在"插入"选项卡中，单击"文本"组中的"页眉和页脚"按钮，打开"页眉和页脚"对话框，选中"日期和时间"复选框，再选中"自动更新"单选按钮，单击"应用"按钮。

（5）在第 2 张幻灯片中，选中带有项目符号的 2 段文字，在"动画"选项卡的"动画"列表中选择"飞入"动画。

【练习试题 5-4】

打开素材库中的"练习试题 5-4.pptx"文件，按下面的操作要求进行操作，并把操作结果存盘。

1. 操作要求

（1）将标题文字"发现小行星"设置为隶书、文字字号为 60，文字效果为"阴影"。

（2）将演示文稿的主题设置为"切片"，并应用于所有幻灯片。

（3）对第 6 张含有 4 幅图片的幻灯片，按照从左到右，从上到下的这 4 张图片出现顺序，设置该 4 张图片的动画效果为：每张图片均采用"翻转式由远及近"。

（4）将第 3 张幻灯片中的"气候绝佳"上升到上一个较高的标题级别。

（5）在所有幻灯片中插入幻灯片编号。

2. 操作提示

（1）在第 1 张幻灯片中，选中标题文字"发现小行星"，在"开始"选项卡的"字体"组中，设置其字体为隶书，字号为 60，并单击"文字阴影"按钮 。

（2）在"设计"选项卡的"主题"下拉列表中，选择"切片"主题。

（3）在第 6 张幻灯片中，选中左上角的图片，在"动画"选项卡的"动画"列表中选择"翻转式由远及近"动画，使用相同的方法，再分别设置右上角、左下角、右下角的 3 张图片的动画效果均为"翻转式由远及近"。

（4）在第 3 张幻灯片中，选中文字"气候绝佳"，在"开始"选项卡的"段落"组中，单击"降低列表级别"按钮。

（5）在"插入"选项卡中，单击"文本"组中的"页眉和页脚"按钮，打开"页眉和页脚"对话框，选中"幻灯片编号"复选框，单击"全部应用"按钮。

【练习试题 5-5】

打开素材库中的"练习试题 5-5.pptx"文件，按下面的操作要求进行操作，并把操作结果存盘。

1. 操作要求

（1）将第 1 张幻灯片的主标题"枸　杞"的字体设置为"华文彩云"，字号为 60。
（2）将第 2 张幻灯片中的图片设置动画效果为进入时"形状"。
（3）给第 4 张幻灯片的"其他"建立超链接，链接到下列地址：http://www.163.com。
（4）将第 3 张幻灯片的切换效果设置为"立方体"，"自左侧"。
（5）将演示文稿的主题设置为"丝状"。

2. 操作提示

（1）在第 1 张幻灯片中，选中标题文字"枸　杞"，在"开始"选项卡的"字体"组中，设置其字体为"华文彩云"，字号为 60。
（2）选中第 2 张幻灯片中的图片，在"动画"选项卡的"动画"列表中选择"形状"动画。
（3）在第 4 张幻灯片中，选中文字"其他"，右击并选择"超链接"命令，打开"插入超链接"对话框，在"链接到"区域中选择"现有文件或网页"选项，在"地址"文本框中输入"http://www.163.com"，单击"确定"按钮。
（4）选中第 3 张幻灯片，在"切换"选项卡的"切换到此幻灯片"下拉列表中选择"立方体"切换效果，在"效果选项"下拉列表中选择"自左侧"方向。
（5）在"设计"选项卡的"主题"下拉列表中，选择"丝状"主题。

微课：练习试题 5-5

【练习试题 5-6】

打开素材库中的"练习试题 5-6.pptx"文件，按下面的操作要求进行操作，并把操作结果存盘。

1. 操作要求

（1）隐藏最后一张幻灯片（"The End"）。
（2）将第 1 张幻灯片的背景渐变填充颜色预设为"中等渐变-个性色 5"，类型为"标题的阴影"。
（3）删除第 2 张幻灯片中所有一级文本的项目符号。
（4）将第 3 张幻灯片的切换效果设置为"随机垂直线条"。
（5）将第 4 张幻灯片中插入的剪贴画的动画设置为进入时自顶部"飞入"。

2. 操作提示

（1）选中第 5 张幻灯片（最后一张幻灯片），在"幻灯片放映"选项卡中，单击"设置"组中的"隐藏幻灯片"按钮。
（2）在第 1 张幻灯片中右击并选择"设置背景格式"命令，打开"设置背景格式"对话框，选中"渐变填充"单选按钮，在"预设渐变"下拉列表中选择"中等渐变-个性色 5"，在"类型"下拉列表中选择"标题的阴

微课：练习试题 5-6

影",单击"关闭"按钮。

(3)在第2张幻灯片中,选中带有项目符号的2段文字,在"开始"选项卡中,单击"段落"组中的"项目符号"下拉按钮，在打开的下拉列表中选择"无"选项。

(4)选中第3张幻灯片,在"切换"选项卡的"切换到此幻灯片"下拉列表中选择"随机线条"切换效果,在"效果选项"下拉列表中选择"垂直"方向。

(5)在第4张幻灯片中,选中"地球"剪贴画,在"动画"选项卡的"动画"列表中选择"飞入"动画,在"效果选项"下拉列表中选择"自顶部"方向。

【练习试题 5-7】

打开素材库中的"练习试题 5-7.pptx"文件,按下面的操作要求进行操作,并把操作结果存盘。

1. 操作要求

(1)将第1张幻灯片的标题字体设置为"黑体",字号不变。

(2)将第3张幻灯片的背景纹理设置为"蓝色面巾纸"。

(3)将第2张幻灯片中的文本"机会成本"超链接到第3张幻灯片。

(4)将第4张幻灯片的切换效果设置为"自顶部擦除",持续时间为"01.50"。

(5)删除第6张幻灯片。

2. 操作提示

(1)在第1张幻灯片中,选中标题文字"成本论",在"开始"选项卡的"字体"组中,设置其字体为"黑体",字号不变。

(2)在第3张幻灯片中,右击并选择"设置背景格式"命令,打开"设置背景格式"对话框,选中"图片或纹理填充"单选按钮,在"纹理"下拉列表中选择"蓝色面巾纸",单击"关闭"按钮。

微课:练习试题 5-7

(3)在第2张幻灯片中,选中文字"机会成本",右击并选择"超链接"命令,打开"插入超链接"对话框,在"链接到"区域中选择"本文档中的位置"选项,在"请选择文档中的位置"区域中选择幻灯片标题为"3. 机会成本:"的幻灯片,单击"确定"按钮。

(4)选中第4张幻灯片,在"切换"选项卡中,在"切换到此幻灯片"下拉列表中选择"擦除"切换效果,在"效果选项"下拉列表中选择"自顶部"方向,在"计时"组中,设置持续时间为"01.50"。

(5)选中第6张幻灯片,按 Delete 键,即可删除该幻灯片。

附录 A

理论知识题参考答案

2.1 单选题

1.A	2.B	3.B	4.B	5.A	6.C	7.A	8.C	9.A	10.B
11.A	12.B	13.C	14.B	15.B	16.B	17.B	18.C	19.A	20.A
21.C	22.D	23.C	24.B	25.D	26.B	27.C	28.A	29.B	30.D
31.B	32.D	33.C	34.D	35.A	36.A	37.B	38.A	39.C	40.C
41.C	42.C	43.C	44.D	45.A	46.B	47.D	48.A	49.A	50.B
51.C	52.B	53.D	54.B	55.C	56.B	57.A	58.D	59.D	60.B
61.B	62.D	63.D	64.A	65.B	66.A	67.C	68.A	69.B	70.C
71.B	72.C	73.C	74.C	75.B	76.B	77.C	78.A	79.A	80.C
81.A	82.C	83.B	84.A	85.B	86.C	87.D	88.C	89.D	90.C
91.A	92.B	93.A	94.B	95.C	96.A	97.C	98.D	99.D	100.B
101.C	102.D	103.D	104.D	105.A	106.C	107.D	108.D	109.B	110.A
111.C	112.C	113.D	114.B	115.B	116.B	117.B	118.A	119.D	120.A
121.C	122.C	123.A	124.A	125.A	126.A	127.A	128.D	129.D	130.B
131.A	132.C	133.B	134.C	135.A	136.D	137.D	138.B	139.D	140.D
141.B	142.B	143.C	144.C	145.D	146.A	147.B	148.C	149.B	150.A
151.A	152.B	153.A	154.D	155.A	156.D	157.C	158.A	159.B	160.C
161.D	162.A	163.C	164.A	165.A	166.C	167.B	168.D	169.D	170.B
171.B	172.C	173.C	174.A	175.A	176.D	177.A	178.C	179.A	180.A
181.D	182.B	183.A	184.D	185.B	186.D	187.B	188.D	189.B	190.A
191.B	192.A	193.D	194.D	195.A	196.B	197.D	198.B	199.C	200.B
201.B	202.A	203.C	204.B	205.B	206.C	207.D	208.C	209.C	210.B

211.B	212.C	213.D	214.C	215.C	216.C	217.B	218.B	219.D	220.B
221.C	222.B	223.C	224.B	225.B	226.B	227.C	228.A	229.D	230.B
231.B	232.B	233.A	234.B	235.A	236.D	237.A	238.D	239.D	240.D
241.D	242.A	243.A	244.D	245.A	246.A	247.B	248.A	249.B	250.A
251.A	252.D	253.C	254.D	255.D	256.B	257.D	258.D	259.C	260.C

2.2 多选题

1.ABCDE	2.AC	3.ABC	4.ABD	5.ACE	6.ACD	7.BC	8.AC
9.AD	10.ABC	11.ABD	12.ABD	13.AD	14.BD	15.AC	16.ABC
17.BCD	18.AD	19.AC	20.ABC	21.ABE	22.AD	23.ABC	24.ACD
25.ACD	26.BCD	27.AB	28.AE	29.ABC	30.BCE	31.ABDE	32.BE
33.ACE	34.ABC	35.BCD	36.ABC	37.ACD	38.ABD	39.ABC	40.ABC
41.ADE	42.BC	43.ABCE	44.ABCDE	45.ABCDE			

2.3 判断题

1.√	2.√	3.√	4.×	5.√	6.×	7.√	8.√	9.×	10.√
11.√	12.×	13.√	14.√	15.×	16.√	17.√	18.×	19.√	20.×
21.×	22.√	23.×	24.√	25.√	26.×	27.√	28.√	29.×	30.√
31.√	32.×	33.×	34.√	35.×	36.×	37.√	38.√	39.×	40.√
41.√	42.√	43.√	44.√	45.×	46.√	47.√	48.√	49.√	50.√
51.√	52.×	53.√	54.×	55.√	56.√	57.×	58.×	59.√	60.×
61.×	62.√	63.×	64.√	65.×	66.√	67.√	68.√	69.√	70.×
71.×	72.×	73.×	74.√	75.√	76.√	77.√	78.√	79.√	80.×
81.√	82.√	83.√	84.√	85.√	86.×	87.×	88.√	89.√	90.×
91.√	92.√	93.√	94.√	95.√	96.×	97.×	98.√	99.√	100.×
101.×	102.√	103.×	104.×	105.√	106.×	107.√	108.×	109.√	110.×
111.×	112.√	113.√	114.√	115.√	116.√	117.√	118.√	119.×	120.√
121.√	122.√	123.×	124.√	125.×	126.×	127.√	128.√	129.√	130.√
131.×	132.√	133.×	134.√	135.√	136.√	137.√	138.√	139.×	140.×
141.√	142.√	143.×	144.×	145.×	146.×				

附录 B

浙江省高校计算机一级《计算机应用基础》考试大纲（2019版）

一、考试目标

测试考生理解计算机学科的基本知识和方法，掌握基本的计算机应用能力，计算思维、数据思维能力和信息素养，注重考核计算机新技术，使考生能跟上信息科技的飞速发展，适应社会的需求。

二、基本要求

1. 了解计算机科学领域的知识和发展趋势，并了解计算机新技术领域的知识。
2. 理解系统、软件、算法、数据和通信的基本概念及相互关系。
3. 掌握利用计算思维、数据思维和计算工具分析及解决问题的方法。
4. 掌握办公软件、移动应用，具有利用计算机处理日常事务的能力。
5. 了解计算机相关法律法规、信息安全知识和计算机专业人员的道德规范。

三、考试内容

1. 信息技术的发展历程、现代信息技术的基本内容和发展趋势及计算机新技术。
2. 计算机硬件系统的组成及各部分的功能。
3. 计算机软件系统、操作系统与应用软件的相关概念。
4. 计算思维、数据思维及它们与计算机的关系。
5. 算法和数据结构的相关概念及常见的几种典型算法。
6. 数据信息表示、数据存储及处理。
7. 数据库的基本概念及应用、数据挖掘及大数据技术。
8. 多媒体技术的基本概念和多媒体处理技术。
9. 计算机网络的发展、功能及分类。
10. 互联网的原理、概念及应用。
11. 网络信息安全的概念及防御。
12. 互联网+、云计算、物联网、区块链等新技术的基本概念及应用。
13. 虚拟现实与增强现实的基本概念和应用领域。
14. 人工智能的发展、研究方法及应用领域。

15．计算机和法律，软件版权和自由软件，国产软件知识，计算机专业人员的道德规范。

16．文字信息处理（MS Office 和 WPS 二选一）。熟练掌握应用文字信息处理技术处理专业领域的问题及日常事务处理，主要包括：

（1）基本操作：新建、打开、保存、保护、打印（预览）文档。

（2）基本编辑操作：插入、删除、修改、替换、移动、复制，字体格式化，段落格式化，页面格式化。

（3）文本编辑操作：分节、分栏、项目符号与编号、页眉和页脚、边框和底纹、页码的插入、时间与日期的插入。

（4）表格操作：表格的创建和修饰、表格的编辑、数据的排序。

（5）图文混排：图片、文本框、艺术字、图形等的插入与删除、环绕方式和层次、组合等设置、水印设置、超链接设置。

17．表格信息处理（MS Office 和 WPS 二选一）。熟练掌握应用表格信息处理技术处理财务、管理、统计等各领域的问题，主要包括：

（1）工作簿、工作表基本操作：新建工作簿、工作表和工作表的复制、删除、重命名，单元格的基本操作、常用函数和公式的使用。

（2）窗口操作：排列窗口、拆分窗口、冻结窗口等。

（3）图表操作：利用有效数据、建立图表、编辑图表等。

（4）数据的格式化、设置数据的有效性。

（5）数据排序、筛选、分类汇总、分级显示。

18．演示文稿设计（MS Office 和 WPS 二选一）。熟练掌握应用演示文稿设计处理汇报、宣传、推介、咨询等领域的问题，主要包括：

（1）演示文稿创建和保存，演示文稿文字或幻灯片的插入、修改、删除、选定、移动、复制、查找、替换、隐藏，幻灯片次序更改、项目的升降级。

（2）文本、段落的格式化，主题的使用、幻灯片母版的修改、幻灯片版式、项目符号的设置，编号的设置，背景的设置、配色的设置。

（3）图文处理：在幻灯片中使用文本框、图形、图表、表格、图片、艺术字、SmartArt 图形等，添加特殊效果、当前演示文稿中超链接的创建与编辑。

（4）建立自定义放映、设置排练计时、设置放映方式。

19．移动应用。熟练掌握新闻、通信、电商、财务、检索、知识服务等各种常用移动 App 的使用。

参考文献

[1] 黄林国. 用微课学计算机应用基础（Windows 10+Office 2019）. 北京：电子工业出版社，2020.

[2] 俞立峰. 信息技术基础（Windows 10+Office 2019）. 北京：电子工业出版社，2020.

[3] 靳广斌. 现代办公自动化项目教程（Windows 10+Office 2019）. 北京：中国人民大学出版社，2020.

[4] 黄林国. 大学计算机一级考试应试指导（微课版）. 北京：清华大学出版社，2018.

欢迎广大院校师生 **免费** 注册应用

华信SPOC官方公众号

www.hxspoc.cn

华信SPOC在线学习平台
专注教学

- 数百门精品课
- 数万种教学资源
- 教学课件 师生实时同步
- 多种在线工具 轻松翻转课堂
- 电脑端和手机端（微信）使用
- 测试、讨论、投票、弹幕…… 互动手段多样
- 一键引用，快捷开课 自主上传，个性建课
- 教学数据全记录 专业分析，便捷导出

登录 www.hxspoc.cn 检索 华信SPOC 使用教程 获取更多

华信SPOC宣传片

教学服务QQ群：1042940196
教学服务电话：010-88254578/010-88254481
教学服务邮箱：hxspoc@phei.com.cn

电子工业出版社 PUBLISHING HOUSE OF ELECTRONICS INDUSTRY　华信教育研究所